大疆无人机

航拍前期与后期
高手之路

静言 著

人民邮电出版社
北京

图书在版编目（CIP）数据

大疆无人机航拍前期与后期高手之路 / 静言著. --
北京 ：人民邮电出版社，2024.7
ISBN 978-7-115-64445-9

Ⅰ．①大… Ⅱ．①静… Ⅲ．①无人驾驶飞机－航空摄
影②图像处理软件 Ⅳ．①TB869②TP391.413

中国国家版本馆CIP数据核字(2024)第109406号

内 容 提 要

本书从无人机航拍的基本操作等基础知识开始讲起，详细介绍了无人机控制器界面布局与功能、航拍摄影与摄像基础、照片与视频格式、航拍安全注意事项、航拍的准备与规划、景别/用光与构图技巧、飞行与智能航拍、大师镜头与一键短片、无人机延时视频实战、视频拍摄的高级技巧、自然风光航拍、城市风光航拍等内容，帮助广大读者快速掌握航拍的全方位知识。本书还分享了航拍照片后期处理的技术要点，以及借助剪映、Premiere软件对航拍视频进行后期剪辑和调色的技巧。

本书内容丰富，适合刚接触无人机航拍的初学者和喜爱航拍的无人机用户参考阅读，也可作为相关影像制作培训机构的教材。

本书附赠用于后期修图与视频处理的所有源文件素材，方便读者紧跟书中内容练习；同时附赠后期处理与剪辑之后的成品文件，方便读者参考。

◆ 著　　　静　言
责任编辑　杨　婧
责任印制　周昇亮

◆ 人民邮电出版社出版发行　　北京市丰台区成寿寺路 11 号
邮编　100164　电子邮件　315@ptpress.com.cn
网址　https://www.ptpress.com.cn

北京九天鸿程印刷有限责任公司印刷

◆ 开本：690×970　1/16
印张：17.5　　　　　　2024 年 7 月第 1 版
字数：394 千字　　　　2024 年 7 月北京第 1 次印刷

定价：99.00 元

读者服务热线：**(010)81055296**　印装质量热线：**(010)81055316**
反盗版热线：**(010)81055315**
广告经营许可证：京东市监广登字 20170147 号

前言

　　千百年来，在人类文明的发展进程中，从不缺乏翱翔九霄的梦。无论是远古乘龙驾鹤的神话传说，还是现代飞越苍穹的航天发明，人类自古就有居高望远、俯瞰世界的向往。随着无人机的出现，我们不用再费心费力地去找角度和位置，只需操作遥控器，美景便能轻松落入眼底。

　　作为一名摄影师，我的第一台无人机是大疆御 2 Pro。

　　在这之前，我身边已有不少摄影师开始用大疆精灵系列的无人机进行创作。但是，可能是对新事物的天然距离感，还有对能否熟练操作无人机的忧虑和可能"炸机"的担忧，对于无人机航拍，我一直处于一种观望的态度。

　　随着无人机技术的不断进步，大疆的产品越来越成熟，更重要的是，无人机拍摄的视角给我带来越来越多的震撼，让我看到许多从未见过的视野、妙趣横生的景象。那些令人拍案称奇的作品、突破传统拍摄局限的优势，让我内心越来越渴望去探索拥有"上帝视角"创作的无限可能。在大疆推出御 2 Pro的时候，我立马购买了属于自己的第一台无人机。

　　回过头来看，如果当时有一本详细讲解无人机操作的教程，或许可以打消我不少的顾虑，让我可以更早地接触到航拍，一些珍贵的画面也能更早被记录下来。

　　在开始航拍之后，无人机便成为我外出拍摄随身携带的、首要的器材。航拍带来的好处不言而喻，它让我的创作变得更加丰富、更加多样。它不仅为我的拍摄带来新的可能性，捕捉到传统摄影器材难以触及的画面，还锻炼了我对场景的观察力和对摄影的思考力。我从"爬楼党"变成了无人机的忠诚粉丝。

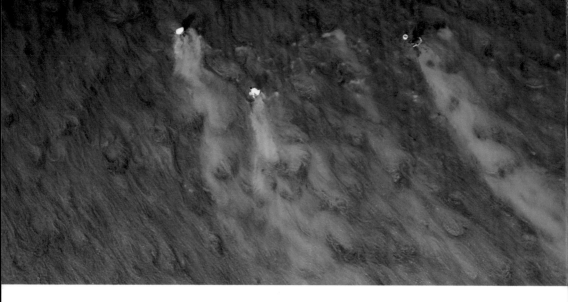

之后的两年，我成为大疆天空之城的签约摄影师，我的作品发布在天空之城与 500px社区，也得到越来越多人的认可和喜欢。在2023年初，我成为了大疆御 3 Pro的样片摄影师，为大疆拍摄了不少用于全球发布会的样张。在2023年大疆天空之城签约摄影师的排行榜上，我很荣幸地得到了第一名。

当然，成长是需要付出努力和一些代价的。在航拍上，我花了大量时间去钻研无人机的操作技能，来降低"炸机"的风险；以一次次的熟练飞行来积累在各种场景和特殊天气下的飞行经验；此外，我也不断探索无人机各种智能工具的应用和无人机作品的后期处理技巧。

这些是我成长路上的累积，也是宝贵的经验。在过去几年里，我分享过不少关于无人机创作的知识，也看到了不少新手对无人机拍摄的渴望与担忧，以及很多关于无人机前期航拍与后期的疑问。对于这些问题，我很难在一次分享会上逐一解答清楚。

鉴于此，在忙碌的工作之余，我编写了本书，以期借我的经验给大家带来更全面、更系统的无人机操作教程，希望能对爱好航拍的摄影者们有所帮助。

时间有限，难免有不足之处，敬请大家斧正。

——静言

2024年3月

序

君子不器

　　摄影术的诞生距今已有185年，无人机摄影闪亮登场。摄影艺术的发展始终离不开科技的创新，1844年，广东南海泌冲人邹伯奇先生制造了中国的第一台照相机，此后的百余年里，摄影术折中中西、融汇古今，以照相机、手机、无人机三足鼎立的全民摄影时代跌宕起伏、蓬勃发展。

　　广东省摄影家协会航拍摄影委员会副主任、500px社区品牌大使静言汇集多年操控无人机摄影实践与后期的研究心得，编写本书。这是静言的第一本航拍摄影专著，内容翔实细腻，可读性、服务性、指导性都非常强。

　　九层之台，起于累土。摄影家不仅是社会和大自然的瞭望者，更是创新路上的探索者。这本凝聚了静言多年心血的专著，字里行间、美图美景中无不展示出了他用脚步丈量祖国大地，用无人机飞过高山峡谷、陆地海洋、自然生态、人间烟火的画面。科学与艺术永远是一对"孪生兄弟"，科技需要创新，艺术需要引领，大疆无人机为广大摄影家、摄影爱好者提供了航拍利器。本书为无人机摄影创作提供了理论与实践层面的技战术指导。苍穹之上，美美与共。

　　是为序。

李洁军

——广东省摄影家协会主席

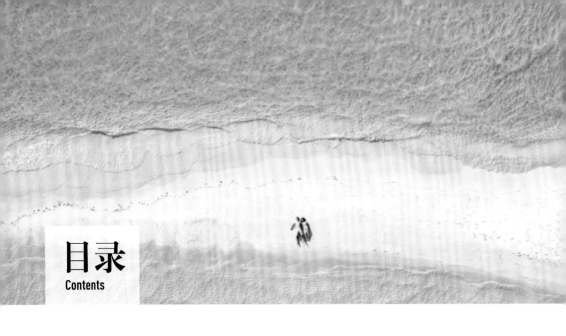

目录
Contents

第4章
掌握照片和视频属性格式

第5章
无人机航拍安全注意事项

第6章
航拍的准备与规划

第11章
视频创作的三种高级技巧

第12章
城市风光航拍技巧

第13章
自然风光航拍技巧

第14章
航拍照片后期技术点揭秘

第15章

航拍全景手动拼接与HDR合成

第16章

航拍视频剪辑与调色:剪映

第17章

视频剪辑与调色:Premiere

第18章

航点视频制作与Log视频优化

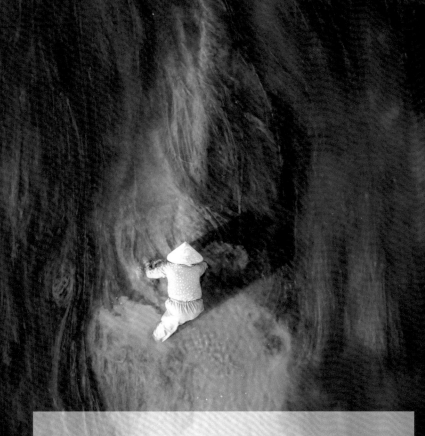

第1章
大疆无人机操作流程

　　操作无人机看似简单，实则复杂，其中包含了许多细节和要点，并不是飞起来拍拍照那么简单。

　　本章围绕飞行前期的注意事项以及实际操作中需要掌握的知识点进行讲解。通过阅读和学习本章的内容，相信大家会对DJI无人机的操作流程更加熟悉，在实际飞行中也会更加得心应手。

1.1 大疆无人机的部件组成

因为DJI Mavic 3 Pro无人机是大疆现有的3个消费级系列无人机中最高端的一款，所以我们以该机型为例来介绍大疆无人机的部件构成。需要注意的是，其他中低档机型可能不具备这里介绍的某些功能，具体还应以产品说明书为准。

1.1.1 飞行器：各区域功能详解

以下为飞行器外观、各部件及按钮的名称及其主要的功能。

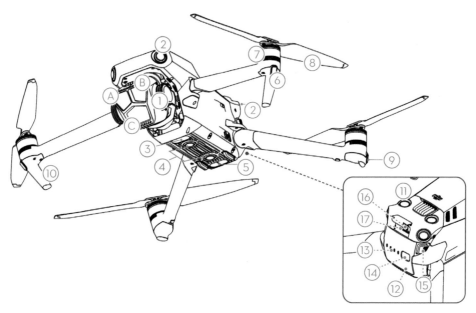

飞行器注释图

1. 一体式云台相机	5.红外传感系统	12.智能飞行电池
A.长焦相机	6.机头指示灯	13.电池电量指示灯
B.中长焦相机	7.电机	14.电池开关
C.哈苏相机	8.螺旋桨	15.电池卡扣
2. 水平全向视觉系统	9.飞行器指示灯	16.充电 / 调参接口（USB Type-C）
3.补光灯	10. 脚架（内含天线）	17.相机 microSD 卡槽
4.下视视觉系统	11.上视视觉系统	

下面我们介绍无人机的部分部件。

1. 螺旋桨

无人机设备共有4副螺旋桨，其中2副为正桨，俯视无人机时螺旋桨沿逆时针方向旋转；另外2副为反桨，俯视无人机时螺旋桨沿顺时针方向旋转。桨叶采用两两相对的设计，可以通过外观进行区分。桨叶的材质有塑料、轻木、碳纤维等，其中最常见的是塑料桨叶。在使用无人机之前需要留意观察，如果桨叶出现破损和裂痕需及时更换，否则会有炸机的风险。

2. 无人机机臂

机臂是无人机搭载电机的部件，多旋翼无人机中机臂又称旋翼轴，有几个旋翼轴就代表是几旋翼无人机。在使用时需要注意，如果是折叠式无人机需要确认机臂连接处是否达到正确的限位，如果是卡扣式机臂设备，则需要确认卡扣是否紧固，避免出现机臂位置不准确或卡扣松动造成出现飞机掉落的危险情况。

3. 无人机云台镜头

云台镜头是由云台和镜头这两个部件组成的。云台是连接机身和镜头的部件，主要作用是让镜头画面变得稳定。常见的云台分为两轴稳定云台和三轴稳定云台，前者在X和Y轴对镜头增稳，可以实现水平（左右）和俯仰（上下）动作稳定，后者则是在X、Y、Z轴3个维度让镜头保持稳定，可以实现水平（左右）、俯仰（上下）、航向（水平平移）动作稳定，因此三轴稳定云台的增稳效果会更好一些。

镜头是无人机整个航拍过程的关键核心，其成像效果好坏直接关系到这款无人机的定位和价格。

旋翼无人机的正反桨叶

无人机机臂

DJI Mavic 3 Pro的两轴云台和镜头

4. 无人机前视避障

随着无人机技术的日渐成熟，无人机在空中的安全性能也是开发工程师最关注的问题之一。近些年推出的无人机款式中，开始不断加入和升级具有避障功能的应用，使得无人机在飞行过程中可以有效地避免不必要的碰撞危险。

DJI Mavic 3 Pro具备上下前后等全方向的避障能力，在检测到障碍物时会根据预设的避障距离刹车悬停，避免撞向障碍物。不过，在飞行过程中若遇到透明的玻璃、高压电线及斜拉线、树枝、风筝线等物体是难以通过避障模块进行规避的。所以避障功能并不是万能的，在飞行时还需要依靠飞行经验的积累来更好地规避风险。

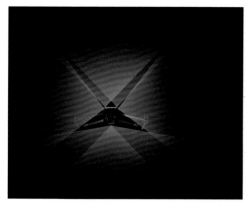

Mavic 3 Pro的全向避障示意图

TIPS

部分早期机型不具备全向避障能力，如Mini 3 Pro具备下、前和后的三向避障能力。而新一代的Mini 4 Pro则已具备全向避障能力。

5. 无人机机身

机身（也称为飞行器）是无人机的主体，是连接搭载各个感知设备、动力系统、飞控系统的中心部件。机身多采用塑料材质来减轻无人机自身的重量以获得更长的续航时间。一体化的设计使得机身具有更好的流线外观和气动性，还利于飞行能力的提升。

一体化的机身设计

1.1.2 电池与充电器的使用技巧

电池使用的注意事项

无人机电池是给整个无人机动力系统及飞控系统提供电力动力的部件。目前无人机的电池基本都具备智能充放电的功能，即，电池在满电或电量大于储存模式电压的状态下，空闲放置时间超过最大储存时间（一般可设置3~10天）时，电池就会自动放电至储存电压，该功能可以很好地延长电池寿命。如果电池一直满电存放不使用也不放电的话，电池就会出现鼓包而导致故障。所以在无人机的日常保养中，需要定期检查电池电量。

DJI Mavic 3 Pro无人机的电池

使用电池管家充电

　　大疆无人机的电池管家可同时为遥控器和3块电池依次充电，直到充满电为止，还能收纳电池，方便携带。另外，Mavic 3这种高端机型的充电器关键时刻还可充当移动电源，给遥控器或手机等设备充电。

装载了两块电池的电池管家

1.1.3　认识遥控器与操作杆

　　航拍无人机的飞行动作和拍摄功能都是通过操控遥控器实现的。在遥控器上，我们可以操作无人机进行起飞、降落、悬停、升高、降低、转向、前进后退等动作，也可以控制拍照录像功能、查看地图、查看无人机信息等。

　　一般来说，无人机遥控器分带屏遥控器和普通遥控器两种。

带屏遥控器DJI RC 2

普通遥控器RC N2

　　在学习遥控器的操控之前，我们先要了解一下遥控器的外观和按键，以及各摇杆和按键的功能。

　　带屏遥控器功能详解

　　下面以DJI RC 2遥控器为例进行讲解。

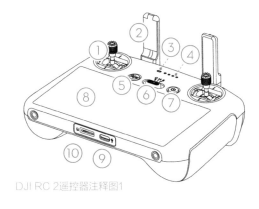

DJI RC 2遥控器注释图1

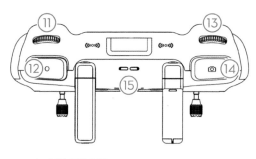

DJI RC 2遥控器注释图2

DJI RC 2遥控器注释图3

1.摇杆

用于控制飞行器飞行时的姿态，在 DJI FLY App 中可设置摇杆操控方式。摇杆设计为可拆卸的，便于收纳。

2.天线

传输飞行器控制，以及图传无线信号。

3.状态指示灯

用于显示遥控器的系统状态。

4.电量指示灯

用于显示遥控器当前的电池电量。

5.急停 /智能返航按键

短按使飞行器紧急刹车并原地悬停（GNSS或视觉系统生效时）。长按启动智能返航，再短按一次取消智能返航。

6.飞行挡位切换开关

用于切换平稳（Cine）、普通（Normal）与运动（Sport）模式之间进行切换。

7.电源按键

短按查看遥控器电量；短按一次，再长按2s可开启或关闭遥控器电源；当遥控器开启时，短按可切换息屏和亮屏状态。

8.触摸显示屏

可点击屏幕进行操作。使用时要注意为屏幕防水，如下雨天时应避免雨水落到屏幕上，以免进水导致屏幕损坏。

9.充电 / 调参接口（USB Type-C）

可用于为遥控器充电或将遥控器连接至电脑。

10.microSD 卡槽

此位置用于插入 microSD 卡。

11.云台俯仰控制拨轮

拨动该拨轮可调节云台俯仰角度。

12.录像按键

该按键用于控制开始或停止录像。

13.相机控制拨轮

默认情况下，可用于控制相机平滑变焦。可在 DJI FLY App中的 相机界面 >系统设置 >操控 >遥控器自定义按键页面将其设置为其他功能。

14.对焦 /拍照按键

半按该按键可进行自动对焦，完全按下则可拍摄照片。在录像模式下，短按返回拍照模式。

15.扬声器

用于输出声音。

16.摇杆收纳槽

用于放置拆下来的摇杆。

17.自定义功能按键 C2

默认情况下，用于设置开启/关闭补光灯。可在 DJI FLY App中的相机界面 > 系统设置 > 操控 >遥控器自定义按键页面将其设置为其他功能。

18.自定义功能按键 C1

默认情况下，用于切换云台回中或朝下的状态。可在 DJI FLY App中的相机界面 > 系统设置 > 操控 > 遥控器自定义按键页面将其设置为其他功能。

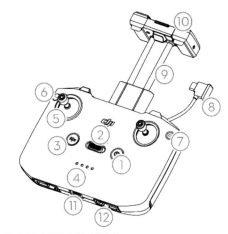

DJI RC N2遥控器注释图1

普通遥控器

下面以RC N2遥控器为例介绍普通遥控器的按键、摇杆的功能和操作。RC N2遥控器与带屏遥控器的功能相似，最主要的区别就是没有高清显示屏，需要额外连接手机充当屏幕。

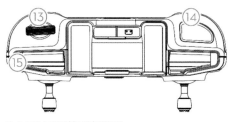

DJI RC N2遥控器注释图2

1. 电源按键：遥控器的开关键。短按1s并长按2s开启遥控器，关机的方式相同。短按可切换屏幕的亮屏和息屏。

2. 飞行挡位切换开关：遥控器上C、N、S3个挡位的切换，3个字母分别对应平稳（Cine）、普通（Normal）、运动（Sport）3个模式。

3. 急停按键：短按一s可使无人机急停刹车并悬停。在执行航线任务中，也可按此按键暂停航线任务（GNSS或视觉系统生效时可执行）。

4. 电量显示灯：用于指示当前电量。

5. 摇杆：可拆卸设计的摇杆，负责操控无人机飞行的动作。在DJI FLY App中可设置摇杆遥控方式。

6. 自定义按键：可通过DJI FLY App设置该按键功能。默认为单击控制补光灯、双击使云台回中或朝下。

7. 拍照/录像切换按键：短按一次切换为拍照或录像模式。

8. 遥控器转接线：分别连接移动设备接口与遥控器传接口，实现图像和数据的传输。转接线接口可根据移动设备接口类进行更换。

9. 移动设备支架：用于放置移动设备。

10. 天线：传输飞行器控制和图像无线信号。

11. 充电/调参接口（USB Type-C）：用于遥控器的充电和调参。

12. 摇杆收纳槽：用于放置拆卸下的摇杆。

13. 云台俯仰控制拨轮：用于调整云台俯仰角度。按住自定义按键并转动云台俯仰控制拨轮可在探索模式下调节变焦。

14. 拍摄按键：短按拍照或长按录像。

15. 移动设备凹槽：用于固定移动设备。

1.1.4 摇杆的控制方式

遥控器摇杆的功能很重要，它负责控制无人机飞行器的起飞、降落，以及在空中的动作。无人机之所以能够实现起飞、降落、前进、后退、向左移动、向右移动和旋转等动作，都是通过控制遥控器的两个摇杆来实现的。

常用的几种摇杆模式有美国手、日本手、中国手和自定义，这4种模式的区别就在于左右两个摇杆的功能定义不同。其中美国手是目前使用人数最多的摇杆模式。

以美国手为例，上下拨动左摇杆可以控制无人机的上升和下降；左右拨动左摇杆可以控制无人机机头方向的左转和右转，也就是航向角的左转和右转；上下拨动右摇杆可以控制无人机在水平方向上的前进和后退；左右拨动右摇杆可以控制无人机在水平方向上的左移和右移。

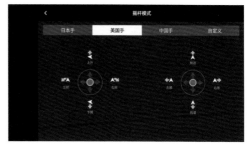

美国手操作方法

日本手、中国手和自定义摇杆模式的操作方式可以详见下图。

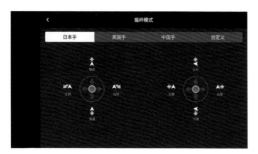

日本手操作方法

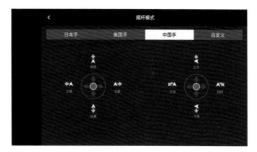

中国手操作方法

在自定义摇杆模式下，用户可以根据自己的习惯和喜好来设置摇杆方向所对应的飞行器控制方式，具体如下图所示。

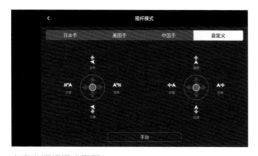

自定义摇杆模式界面1

自定义摇杆模式界面2

我们不难看出，在操控无人机的时候，大多数飞行动作都需要通过同时操控两个摇杆来实现。也就是说，你需要用左手和右手同时操作才行，只有多多练习两只手的配合，才能熟能生巧。所以控制遥杆也是一项技术活，哪怕在操控摇杆的过程中只是稍微用力了一点点，飞行动作的精确度都会下降。

1.2 下载App、激活无人机

无论何种品牌、何种型号的无人机，都需要激活，而且还会遇到固件升级的问题。升级固件可以帮助无人机修复漏洞，提升飞行安全性能。由于国内大多数航拍无人机用户购买的都是大疆产品，因此本章内容主要以大疆产品为主进行讲解。这里以大疆RC-N1这款标配遥控器为例，演示下载DJI FLY App、激活无人机和进行固件升级的步骤。

DJI FLY是大疆开发的，一款用来操控大疆无人机的飞行软件。

如果你使用的是不带屏幕的大疆普通遥控器，需要在手机应用商城里搜索并下载DJI FLY，然后将手机和遥控器连接，让手机屏幕充当遥控器屏幕。

如果你使用的是大疆带屏幕遥控器，例如DJI RC、DJI RC 2或DJI RC PRO，则可以直接在遥控器上打开App。

App下载完成后，在手机上打开DJI FLY，进入登录界面，输入账号和密码进行登录。

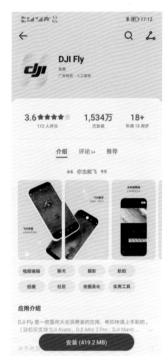

DJI FLY App下载界面

DJI FLY 登录界面

登录后的主界面如下图所示。点击界面右下角的"连接引导"按钮，可以查看各机型的遥控器如何连接。

DJI FLY 主界面

对于DJI RC-N1/2来说，首先要给电池和遥控器充电，以激活电池，再将充满电的电池装入无人机中。

之后，将遥控器安装好，并装上手机，拔出遥控器转接线，连接手机。

拔出遥控器转接线　　　连接手机

完成以上几步后，即可开始激活无人机和进行固件升级。无论何种品牌、何种型号的无人机，都需要激活，并且会遇到固件升级的问题。升级固件可以帮助无人机修复漏洞，提升飞行安全性能。

在手机上打开DJI FLY App，根据屏幕上的指示完成激活操作（带屏遥控器可以直接在遥控器上激活）。

点击激活按钮，然后根据提示进行操作即可将无人机激活

1.3 无人机的固件升级

当屏幕左上角出现固件升级提醒时，点击该提醒右侧的蓝色"更新"按钮，会开始自动更新。在升级过程中注意不要断电或退出App，否则可能导致无人机系统崩溃。尽量让遥控器和无人机的电量保持在3格以上，手机电量保持在50%以上。

固件更新成功后会有提示。

简单几步完成无人机激活和固件升级的操作后，就可以开始使用无人机了。

点击"更新"字样

固件更新成功界面

1.4 对频：无人机与遥控器的配对

如果是新购入的大疆无人机，那么遥控器与飞行器呈套装形式，产品出厂时已完成配对，开机激活后可直接使用。

如果飞行器或遥控器是后来单独购买的，那么就需要重新将飞行器与遥控器进行对频，即速成的配对。下面来看具体操作。

打开遥控器后，点击DJI FLY App主界面右下角的"连接引导"按钮，进入飞行器选择界面，选择对应机型，然后跟随页面指示进行配对。

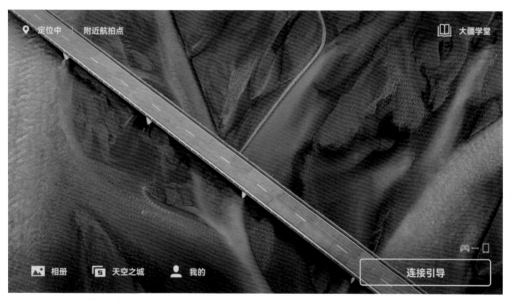

在主界面点击"连接引导"按钮

在飞行器选择界面选择对应的机型

之后系统开始扫描飞行器

当遥控器发出提示音，且遥控器电量指示灯呈现跑动状态时，即开始配对。

长按飞行器电池开关约4s，听到提示音"嘟嘟嘟"后松开，飞行器电源指示灯进入跑动状态，飞行器开始配对，当遥控器提示音停止，遥控器电量指示灯和飞行器电源指示灯均停止跑动，App显示图传画面时，即表示配对成功。

点击"配对"按钮

遥控器电源指示灯进入跑动状态

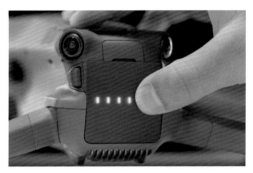

长按飞行器电池开关约4s，之后指示灯同样进入跑动状态

遥控器显示图传画面，表示配对成功

第2章

DJI FLY App的界面
布局与菜单设定

本章首先对无人机遥控器界面布局及详细功能进行讲解，之后对遥控器
的控制菜单进行详细讲解。

2.1 DJI FLY App的界面功能分布与操控

2.1.1 连接Wi-Fi或连接手机热点

在手机上打开DJI FLY App，主界面如下图所示。

DJI FLY App的部分功能需要连接网络才能使用。下面介绍DJI FLY App连接Wi-Fi和手机热点的方法。

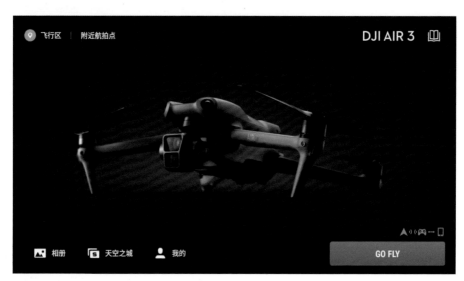

DJI FLY 主界面

手指在屏幕上边缘下滑，点击WLAN（Wi-Fi名称）图标

选择所用的Wi-Fi名称

输入连接密码

连接成功后会有"已连接"的提示

2.1.2　大疆DJI FLY功能布局

App界面左上角显示的是当前的位置信息以及"附近航拍点"功能按钮。该功能对航拍位置的选择有着非常好的参考价值，建议在平时多打开看一下。

点击"附近航拍点"功能按钮，它会显示你周边的推荐航拍点，这些位置都是由其他航拍用户拍摄并上传的，方便人交流和分享机位。

附近航拍点功能

界面右上角是"大疆学堂"功能按钮。

点击"大疆学堂"按钮，选择你自己的无人机型号后，系统会推荐相应的教程供你学习参考。

根据自己的无人机使用经验选择不同深度的教程

界面左下角的3个图标分别是"相册"、"天空之城"和"我的"功能按钮。

点击"相册"按钮，可以看到航拍的照片和视频。

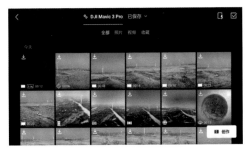
"相册"界面

点击"天空之城"按钮，可以登录天空之城社区，查看与航拍相关的内容。需要注意的是，使用天空之城社区功能，需要进行注册，大疆用户可以直接凭借自己的大疆账号进行登录。

"天空之城"注册界面

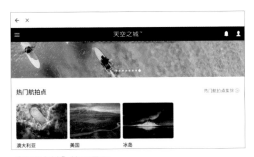
"天空之城"社区界面

点击"我的"按钮，可以登录自己的DJI账号，用来记录飞行时长、飞行距离等信息。在"我的"界面中，可以看到右侧的信息栏中有论坛、商城、找飞机、服务与支持和设置等选项，对应可查看论坛信息、进入大疆商城、寻找无人机信号源、咨询线上售后服务中心和设置参数。

点击界面右下角的"GO Fly"功能按钮可打开飞行界面。你购买到的无人机是默认对过频的（无人机和遥控器信号绑定成为对频的），如果你需要更换为操作其他设备，则需要先解除对频，再点击"连接引导"选项，选择App适配的无人机款式进行对频。具体操作为将遥控器开机，通过数据线连接手机和遥控器，并按照屏幕上的连接引导进行操作。

"我的"界面

TIPS

DJI FLY App可适配大疆的Air 3、DJI Avata、DJI Mini 3 PRO、DJI Mini 4 Pro、DJI Air 2S、DJI Air 3、DJI FPV、DJI Mini 2、Air Air 2等机型，其余机型需在官网找到对应的App进行下载并连接。

App飞行操作界面

连接成功后，打开App，进入飞机操作界面。此界面是我们操控无人机最常用的界面。

1. 飞行挡位：这里显示飞机目前的飞行挡位信息。

2. 飞行器状态显示栏：显示飞行器目前的状态以及各种警示信息，例如软件版本需要升级更新时，会在状态显示栏里显示，点击可查看；再或是无人机在飞行过程中遇到大风的情况时，状态显示栏会显示风大危险的提示信息，提示飞手注意无人机设备安全。

3. 从左至右分别是电池剩余电量百分比、剩余可飞行时间（参考）、图传信号强度、视觉系统

状态、GNSS状态5个信息内容。

电池剩余电量百分比显示目前飞机剩余的电池电量的百分比数值。在飞行无人机的时候需参考无人机相对于返航点的高度和距离，合理安排电量。

剩余可飞行时间（参考）显示当前电量预计剩余的可飞行时间。

图传信号强度显示当前图传信号的强度，以柱状图的形式呈现。在我们操作无人机时，需保持图传信号良好，如果图传信号差或中断的话，遥控器影像也会卡顿和中断。

视觉系统状态显示无人机避障的情况，如有障碍物靠近无人机，会有对应位置的避障模块进行报警提醒。

GNSS状态显示的是无人机搜集卫星的颗数，数量越多，无人机定位越稳定；数量越少，则代表定位信号越差，越难以刷新无人机实时位置和确定起飞点和降落点。

4.系统设置：包含安全、操控、拍摄、图传和关于页面，后续我们将详细讲解系统设置里相应的功能应用。

5.自动起飞/降落/返航：点击展开操作面板，可以选择让无人机自动起飞/降落和执行自动返航功能。

6.地图：可点击切换不同大小尺寸的界面，放大或缩小飞行地图。

7.飞行状态参数：D xx m显示的是飞行器与返航点水平方向的距离；H xx m显示的是飞行器与返航点垂直方向的距离；左侧xx m/s显示的是飞行器在水平方向上的飞行速度；右侧xx m/s显示的是飞行器在垂直方向的飞行速度。

8.从上面下分别是拍摄模式、拍摄按键、回放：拍摄模式中包含录像、拍照、大师镜头、一键短片、延时摄影、全景功能，后面我们针对性进行讲解。点击拍摄按键可使相机开始/结束拍摄。点击回放按钮可查看已拍摄的视频及照片。

9.相机挡位切换：拍照模式下，支持切换Auto和Pro挡，不同挡位下可设置不同参数数值。

10.航点功能：点击该图标可进入航点飞行功能设定界面。有关于航点飞行的使用方法，后续我们将详细介绍。

2.2 系统菜单设定详解

熟悉主界面的功能选项以后，就可以开始进行系统设置了。系统设置几乎包含了所有需要调节的参数和功能。点击"系统设置"按钮，打开系统设置界面，可以看到"安全""操控""拍摄""图传"和"关于"五大菜单。

2.2.1 "安全"菜单设定详解

安全菜单包括辅助飞行、虚拟护栏、传感器状态、电池、补光灯、前机臂灯、飞行解禁、找飞机以及安全高级设置等。

在辅助飞行界面内，避障行为模式可设置无人机遇到障碍物时是选择绕行、刹停或是不做动作，这里建议选择"刹停"选项。

"显示雷达图"的开关根据需要打开或关闭即可。如果你是刚开始练习无人机飞行的新手，建议打开该功能。

辅助飞行功能设置

开启"显示雷达图"后，遇到障碍时会出现弧形警示标记

返航路线界面中，可以设置是以最佳路线还是以设定高度返航。如果设定为最佳路线，飞机可以自行选择更快的返航路线（即边向起飞点飞行边下降）。但如果现场光线不足，则自动切换为设定高度的返航模式。

采用设定高度返航模式后，飞机返航时会先上升到设定高度，然后平飞到起飞点，再直接降落。如果飞机当前高度高于设定高度，则直接平飞，之后直线下降。

设定"最佳路线"返航的模式

设定为以"设定高度"返航的模式，此处设定的返航高度为150m

至于更新返航点功能，不建议大家调整，因为从地图来判断返航点，风险还是比较大的。

虚拟护栏又称电子围栏，可以设置无人机的最大飞行高度、最远飞行距离和返航高度。最大高度和最远距离根据自己需求来进行设置。数值设置好后飞机飞行将无法超过这个数值距离，从而避免无人机在失控的情况下飞向很远的地方或飞丢。返航高度的设置需根据当地实际情况来确定，例如城市区域需将返航高度设置在150m甚至更高，避免返航过程中撞到障碍物。在飞行前建议查看一遍这些数据，避免之前设置过的不合适的数值影响本次飞行。

更新返航点的操作

虚拟护栏功能设定

　　传感器状态显示指南针和IMU的状态是否正常。如有问题，例如出现指南针需校准的情况时，可点击"校准"按钮，并根据图像提示进行校准，成功后会有提示。

传感器状态显示与设置界面

指南针校准界面

　　这样进行IMU校准后，同样是根据App界面提示，逐步进行操作即可。

IMU校准界面

　　使用"电池信息"功能可以查看当前电池的具体信息，包括电池电压、电池温度、电芯状态以及电池循环次数等信息。

点击"电池信息"选项

电池信息显示界面

补光灯及前机臂灯这两个选项，建议设定为自动，这样飞行器会根据现场的实际情况来选择打开或关闭。在光线较弱时，也可以直接设定为打开状态，除辅助拍摄外，还可以帮助我们观察飞行器在天空中的位置。

使用"飞行解禁"功能可以根据飞行需要提交解禁申请，具体根据现场情况来按步骤操作即可。

补光灯设置为"自动"

飞行解禁、找飞机等功能

"找飞机"功能可以帮助我们在地图模式下寻找丢失信号的无人机。使用这个功能的前提条件是无人机的供电正常，如果无人机处于断电或没电的情况，或者电池摔出电池仓，或是无人机掉入水中的话，则无法使用此功能。无人机信号丢失后，利用此功能借助GPS位置寻找飞机，点击"启动闪灯鸣叫"后，无人机会启动闪灯并发生蜂鸣声以提升找到的几率。而如果在信号较差区域飞行丢失，会因GPS卫星信号差的原因无法定位飞机。

找飞机功能的地图显示界面

　　"安全高级设置"功能可以设置飞机失联行为和空中紧急停桨。建议将无人机失联行为设置成"返航"模式，这样万一无人机在飞行过程中丢失了信号，还有很大可能会自己飞回起飞的位置。

单击"安全高级设置"选项

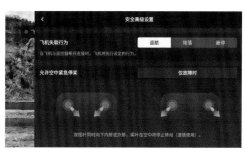
安全高级设置界面

2.2.2　"操控"菜单设定详解

　　操控菜单包括飞机、云台和遥控器的设置。

　　里程单位默认选择"公制（m）"即可，毕竟大多数国内用户都习惯使用这一里程单位。

　　目标扫描其实没有必要关注，该功能主要用于扫描拍摄点，但实际上对于摄影或摄像创作，我们还是应根据自己的需求和创意来选择拍摄目标。

　　对于操控手感设置，这里单独讲一下。该功能主要用于设置手柄控制飞机飞行时的速度及灵敏度，不同挡位下有不同的速度设置，一般来说平稳挡的各速度默认比较慢，而运动挡的各速度默认是最高的。

　　我们可以根据自己的习惯来微调各速度和灵敏度参数。需要说明的是，如果各速度调的幅度比较大，基本上就相当于切换了挡位。

"操控"设置界面

"平稳挡"下的各种速度设定

　　切换到运动挡，可以看到各项速度基本都是最高的。而实际上，即便是选择了平稳挡，如果我们把速度提到最大，也就相当于切换到了运动挡。

　　在操控设置界面当中，要注意"Expo"这个参数。喜欢拍摄视频的用户，可以在默认值的基础上，稍稍降低其参数值，这样可以避免推动摇杆时因为输出量过大导致飞行器运动过于剧烈而不够丝滑。

"运动挡"下的各种速度设定

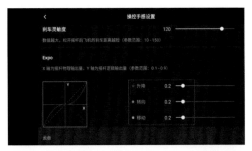

"Expo"参数设置

云台模式建议选择"跟随模式"。设定这种模式后，飞行器在飞行时，云台会处于水平状态。

"云台模式"设置

如果继续向下滑动操控界面，可以设置"云台校准"等选项，点击该选项后按界面提示操作即可，这里就不再赘述了。

继续向下划动，还有"摇杆模式"设置等选项，可以选择美国手、日本手、中国手或自定义模式。摇杆模式的设置之前已经进行过详细介绍，这里也不再赘述。

2.2.3 "拍摄"菜单设定详解

在"拍摄"菜单中，包括拍照、通用、储存位置的参数设置，主要针对无人机的拍照和录像功能进行相关参数及辅助功能的调整。

如果你是一名较为专业的摄影爱好者，建议将"照片格式"选择为JPEG+RAW，RAW格式的照片宽容度更高，方便后期修图。

"照片尺寸"根据需要自行选择4:3或者16:9即可。

对于照片分辨率来说，建议设置为默认的48MP，即4800万像素的高像素模式。

"照片格式""照片比例"和"照片分辨率"设置

要注意，在拍摄视频时，"拍摄"菜单界面会发生较大变化。我们可以将所拍摄视频的格式设置为MP4或MOV等，还可以设置色彩模式。设置输出为MP4格式，可确保视频占较小的存储空间，有更好的兼容性。设置色彩模式为"普通"，可以直接输出色彩与影调都比较理想的视频；如果想要让现场更多细节得到保留，后期再对视频调色，可将色彩模式设为"D-Log"或"D-Log M"格式；如果既要求直出画面的表现力又想兼顾一定的后期调色空间，则可将色彩模式设为"HLG"格式。

视频拍摄时的"拍摄"菜单界面

设定为"D-Log"色彩模式后，画面是灰的

设定为"D-Log"色彩模式时，可开启"色彩显示辅助"，App会对D-Log视频进行优化显示，便显示接近于正常色彩的画面，但实际上存储卡上的视频依然是灰的，需要后期调色。

现在切换回到照片拍摄模式，继续看"拍摄"菜单中的其他选项。

"抗闪烁"功能主要是为了消除城市灯光对画面造成的影响，默认选择为"自动"。

"直方图"功能可选择开启或关闭，如果开启，拍摄时直方图可提供画面亮度参考（此时画面左侧会出现直方图）；如果感觉取景画面的直方图干扰观察，可以将其关掉。

在第4章我们将更详细地讲解直方图相关知识。

设定开启"色彩显示辅助"

"抗闪烁"和"直方图"功能设置

"峰值等级"功能主要在使用手动对焦时起作用，用于标示手动对焦时的对焦状态。清晰对焦的区域，景物会被标注红色轮廓，对焦越准确，红色轮廓越明显。

在已清晰对焦，但轮廓的红色仍然不明显时，我们可以调整"峰值等级"，等级设定得越高，红色轮廓就越明显。

"峰值等级"设定界面，当前色值为"普通"　　　　　　　　"峰值等级"设定界面，当前色值为"高"

设定高"峰值等级"后，清晰区域的红色轮廓非常明显

"过曝提示"是对画面中存在过曝情况时进行提醒，可根据自己需要选择打开或关闭。

设定开启"过曝提示"功能　　　　　　　　　　开启"过曝提示"功能后，过曝区域会呈现黑白斜线

"辅助线"功能里可选择三种不同样式的辅助线，使用辅助线对构图有很大帮助。

构图"辅助线"功能的设定界面

将三种构图辅助线全开启后的取景画面

"白平衡"可以选择自动或手动，建议直接打开自动模式即可。

有关于白平衡更详细的知识，可参见第3章相关的内容。

对于"存储"这个功能，如果飞行器内有存储卡，那么应该默认使用SD卡存储。

如果没有装入存储卡，系统将使用飞行器自带存储，但飞行器自带的存储空间一般都比较小，所以建议只用于存储飞行数据，而不用来存储拍摄的视频等信息。

"白平衡"被设定为自动

可以看到，当前使用的是SD卡

在"存储"选项下方还有"文件夹后缀""素材后缀"等选项，主要用于为文件夹、素材等进行编号，这样可以方便后续管理文件夹和素材。

单击"文件夹后缀"选项

此时可以修改文件夹后缀的编写方式

如果设定的是拍摄视频，那此时的拍摄菜单会发生变化，我们可以对视频的色彩、编码格式、视频格式和视频码率进行设置。

2.2.4 "图传"菜单设定详解

在"图传"菜单中可以设置图传频段和信道模式。

不过通常情况下，"图传频段"设置为默认的"双频"即可。"信道模式"默认设置为"自动"，遥控器会根据信号最优的方法自动选择信道。

"图传"设置界面

2.2.5 "关于"菜单设定详解

在"关于"菜单中可以查看无人机自身的设备信息。设备名称可以自行更改，你可以编辑一个专属自己的个性名称。飞机固件和遥控器固件可以根据系统的提示进行更新，如果有新的可升级版本，在进入App时会有弹窗进行提醒。其他事项都是不可更改的设备信息的参数，查看了解即可。

"关于"信息界面1

"关于"信息界面2

第3章
航拍摄影与视频
创作基础

  使用无人机航拍时，不同的光线环境下需要设置不同的拍摄选项与参数，这样才能确保拍出清晰并且明暗合理的照片。本章将讲解各种拍摄选项的概念及相互关系，帮助读者拍出更加专业的照片和视频。

3.1 焦距、变焦与视角的关系

3.1.1 焦距与画面视角大小的控制

镜头焦距的长短会影响最终所拍摄画面的视角大小，较短焦距所拍摄的画面视角会较大，而较长焦距所拍摄的画面视角则会较小。也就是说，焦距越长则视角越小，画面中可容纳的景物就会越少；而焦距越短则视角越大，画面中能够容纳的景物也越多。

要注意，DJI Mavic 3 Pro有24mm、70mm和166mm三个焦距可调，其他大部分机型则只有1个或2个可选焦距。

蓝框标注的是70mm焦距所能拍到的画面视角；红框标注的是166mm焦距所能拍摄的视角；画面整体是24mm焦距所拍摄的视角

使用大疆无人机时，可在遥控器的DJI FLY App界面内调整要选择的相机，即设定不同焦距进行拍摄。默认选择1x焦距，即使用24mm相机拍摄，可以看到正常的视角；而如果选择3x或7x焦距，则使用70mm或166mm相机拍摄，拍摄视角会明显变小。

24mm相机的拍摄视角

70mm相机的拍摄视角

3.1.2 光学变焦与数码变焦

DJI Air 3借助于24mm广角焦距拍摄大视角画面，使用70mm焦距拍摄小视角画面，这样的焦距的改变被称为光学变焦，可以确保24mm和70mm都能拍到非常清晰的画质。

可能很多人认为使用广角焦距相机拍摄的照片，经过裁剪，也能得到较小视角，从而得到更长焦距拍摄的画面效果，这种观点是错误的。如果对24mm大视角画面进行裁切，虽然可以得到接近于70mm焦距的画面视角，但这种变化属于数码变焦（裁切），裁出的照片画质是不够理想的。

24mm广角相机拍摄的画面

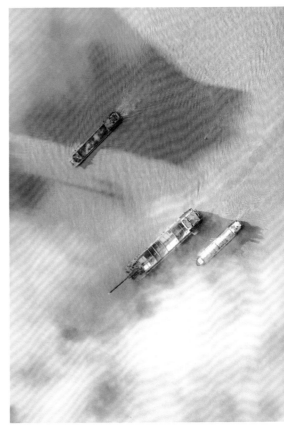

70mm中焦相机拍摄的画面

166mm长焦相机拍摄的画面

<u>3.2</u> 认识曝光与曝光三要素

3.2.1 曝光与曝光值的相互关系

　　从技术角度来看，拍摄照片就是曝光的过程。曝光（Exposure）这个词源于胶片摄影时代，是指拍摄环境发出或反射的光线进入相机，底片（胶片）对这些进入的光线进行感应，发生化学反应，利用新产生的化学物质记录所拍摄场景的明暗区别。到了数码摄影时代，感光元件上的感光颗粒在光线的照射下会产生电子，电子数量的多寡可以记录明暗区别（感光颗粒会有红、绿、蓝三种颜色，记录不同的颜色信息）。曝光程度的高低以曝光值来进行标识，曝光值的单位是EV（Exposwre Value）。1个EV值对应的就是1倍的曝光值。

　　曝光是摄影领域最为重要的概念之一，无论是照片的整体还是局部，其画面表现力在很大程度上都要受曝光的影响。拍摄某个场景后，必须经过曝光这一环节，才能看到拍摄后的效果。

　　如果曝光得到的照片画面与实际场景明暗基本一致，表示曝光相对准确；如果曝光得到的照片画面远远亮于所拍摄的实际场景，表示曝光过度，反之则表示曝光不足。

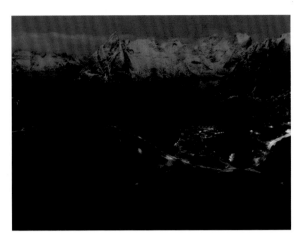

曝光不足的照片

曝光合理的照片

3.2.2 曝光三要素：光圈、快门与感光度

曝光过程（曝光值）要受到两个因素的影响：进入相机光线的多少和感光元件产生电子的能力（即感光度，其单位为ISO）。影响光线多少的因素也有两个：镜头通光孔径的大小和通光时间，即光圈大小和快门时间。我们用流程图的形式表示出来就是光圈大小与快门时间影响进入相机的光量，进入相机的光量和ISO感光度影响拍摄时的曝光值。

这样，总结起来就是决定曝光值大小的三个因素是光圈大小、快门时间、ISO感光度大小。针对同一个画面，调整光圈、快门和ISO感光度，曝光值会相应发生变化。

3.3 认识并设定光圈

3.3.1 光圈值大小与画面效果

光圈是用来控制光线透过镜头进入机身内感光元件的装置。光圈的数值用f/值来表示，无人机镜头的光圈一般有f/2.8、f/3.0、f/5.6等规格。f/值越小，光圈就越大；f/值越大，光圈就越小。

光圈的大小决定了光线穿过镜头的进光量大小。光圈越大，进光量就越大，拍摄到的画面越明亮，常用于拍摄弱光环境；光圈越小，进光量就越小，拍摄到的画面越暗淡，常用于拍摄光线充足的环境。

光圈除了能控制进光量以外，还能控制画面的景深。景深就是指照片中对焦点前后能够看到的清晰对象的范围。景深以深浅来衡量。光圈越大，景深越浅，清晰景物的范围越小，常用于拍摄背景虚化的效果；光圈越小，景深越深，清晰景物的范围越大，常用于拍摄自然风光和城市建筑，能够将远处的细节也清晰呈现。

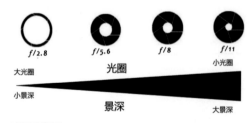

光圈示意图

　　下面的图片，固定快门速度和感光度，光圈值为f/9时，画面比较暗；光圈值为f/2.8时，亮度稍稍偏亮。

光圈f/9时画面偏暗

光圈f/2.8时画面亮度稍微偏亮

　　光圈值设定到f/5.6，得到合适的画面亮度，然后对画面进行后期处理，得到比较理想的照片。

光圈f/5.6时画面亮度适中，对照片进行后期处理，得到理想的照片

在无人机距离地面很高时，光圈值的变化对于景深影响的效果看起来不明显。我们让无人机下降到地面附近，距离主体人物近一些，再改变光圈值，画面的景深变化就会非常大。

光圈f/2.8时的画面景深，可以看到人物是清晰的，但前后景都虚化模糊，是很浅的景深

光圈f/5.6时，景深变大，远景和近景开始变得清晰起来

3.3.2　光圈值的设定方法

针对DJI Mavic及更高级机型，在DJI FLY App的飞行界面中，在PRO手动模式下，向左右两端滑动光圈滑块即可调整光圈大小。

设定光圈为f/2.8

手动模式下，固定ISO和快门值，滑动光圈滑块，调整光圈大小为f/9，可以看到画面变暗

另外，我们要注意，下方的-3.0表示当前画面是正常亮度的1/3。

3.3.3　关于光圈调整的说明

拍摄照片时，改变光圈大小、快门时间、ISO感光度大小均可以控制照片的曝光量，也就是明暗。但要注意，对于DJI Air与Mini系列无人机来说，光圈值是固定的，所以对于这些机型的用户来说，可控制的曝光要素主要就是快门时间和ISO感光度大小。

以DJI Air 3无人机为例，其搭载的两个相机的光圈值分别为f/1.7和f/2.8，即无论选择哪个相机，光圈值都是固定不可调整的。

DJI Air 3所搭载的两个相机的光圈值都是固定的

3.4　认识并设定快门

快门是指相机的曝光时间长短。快门速度的单位是s（秒），以数字大小来表示，一般有30s、15s、1s、1/2s、1/4 s、1/8s、1/15s、1/30s、1/100s、1/250s、1/500s、1/1000s等。

3.4.1　快门速度与实拍效果

当光圈大小和ISO感光度不变的情况下，快门速度数值越大，快门速度越慢，曝光量就越多；数值越小，快门速度越快，曝光量就越小。

另外，拍摄高速移动的物体时，需要将快门速度设置得稍快一些（小于1/250s），这样可以将运动中的物体拍摄清楚，避免画面出现重影和细节模糊的情况。拍摄固定物体时，则可以将快门速度设置得稍慢一些，但也不能过慢，安全快门为1/100s，否则无人机在悬停状态下的轻微抖动也可能影响画面的清晰度。

快门速度对画面清晰度的影响，快门速度越快，运动对象越清晰，反之则模糊

高速快门可以捕捉运动主体瞬间的静态画面，例如绽放的烟花、飞行的鸟类、激荡的瀑布、飞驰的车流等。如左图所示，这是一张利用高速快门拍摄的长口大桥照片，快门速度是1/200s，桥上的汽车轮廓清晰，没有拖影。

利用"高速快门"拍摄的长江大桥，汽车轮廓清晰

　　而利用慢速快门可以拍摄出流光溢彩的拖影效果，也就是俗称的"慢门"拍摄。此方法特别适合拍摄高架桥或立交桥上川流不息的汽车车流。找一个合适的夜晚，将快门速度设置为慢于1s，在固定机位进行稳定拍摄，即可拍出有"连续"美感的光轨照片。

慢门拍摄的立交桥，汽车尾灯变成了光轨

　　通过以上两张图片的对比，我们可以清楚地看到不同快门速度对画面的影响。拍摄不同场景时，只有设置了适合该场景的快门速度，才能将一个看似普通的画面拍得生动好看，展现出应有的美感。

3.4.2　快门速度设定方法

　　在参数调整界面，单击左侧的"自动"按钮，自动按钮变为灰色背景，表示已经切换为参数手动调节状态。在此状态下，是无法直接调整下方曝光值调整刻度条的，因为此时曝光值刻度条数值的变化是自动的，用于指示当前的画面偏亮还是偏暗，数值为0时表示曝光值准确，数值为正表示曝光过度，数值为负表示曝光不足。

在DJI FLY App的飞行界面中，在PRO手动模式下，点住快门值进行左右滑动，可调整快门数值。

曝光刻度显示为+0.3，表示当前ISO 400和1/5000s的设定条件下，照片稍稍过曝

快门速度调为1/1600s，即曝光时间变长，那么曝光值会变高，从画面也可以看出照片变亮。下方的曝光值刻度显示为+1.0，也显示过曝幅度变大

3.5 认识并设定ISO感光度

3.5.1 感光度与画面噪点

ISO感光度是拍摄中重要的参数之一，在胶片时代，它用来衡量底片对于光线的灵敏程度，反映了胶片感光的速度。在数字摄影时代，感光元件就相当于胶片。

ISO的数值越大，感光度越高，对光线的敏感度就越高，越容易获得较高的曝光值，拍摄到的画面就越明亮，但是噪点也越明显，画质越粗糙。反之，ISO的数值越小，感光度越低，画面越暗，噪点越少，画质越细腻。换句话说，在其他条件保持不变的情况下，通过调节ISO的数值可以改变进光量的大小和图片的亮度，同时影响着画面的质量。因此，感光度也成了间接控制图片亮度和画质的参数。

无人机的ISO感光度一般在100-6400之间。在自动模式下，ISO感光度会根据光线的强弱进行自动调节，以免出现过曝或过暗的情况。在手动模式下，要配合快门和光圈来进行手动调节，从而控制画面的明暗程度。

调整感光度除可以影响画面亮度外，对于拍摄照片画质的影响也比较明显。感光度数值越高，照片中的噪点也会越多，即画质越差。

傍晚光线较弱，提高感光度以获得更高的曝光值，但此时画面中的噪点也会变多

放大照片局部，可以看到噪点是比
较明显的

3.5.2 感光度的设定方法

在DJI FLY App的飞行界面中，在PRO手动模式下，点住ISO数值进行左右滑动，即可调整ISO大小。

设定感光度为ISO 100

手动模式下，固定快门值，调整ISO感光度为ISO 1600后，可以发现画面亮度变高，下方的曝光值刻度也显示过曝幅度比较大

3.6 通过改变曝光值来控制照片明暗

除可以通过调整曝光三要素来改变所拍摄画面的曝光值外，还有一种方法可以控制曝光值的变化，即通过直接调整曝光数值来改变照片明暗。

在DJI FLY App的飞行界面中，我们可以看到右下角有一个"AUTO"图标，这代表目前的拍摄模式处于自动模式

点击"AUTO"图标，可以切换为手动模式，此时界面右下角的AUTO图标会变为"PRO"图标，点击"PRO"图标左侧的任一参数，可以进入参数设定界面

进入参数设定界面后，当前的各种参数设置仍然是"自动"，呈现黄色背景

点击下方刻度条左右两侧的"－"和"＋"，可以改变当前的曝光值，从而改变画面明暗。将曝光值增加1.7EV后，可以看到画面明显变亮

将曝光值减少3.0EV后，可以看到画面明显变暗

3.7 认识并设置白平衡功能

3.7.1 认识并理解白平衡

白平衡是描述显示器中红、绿、蓝三基色混合生成后白色精确度的一项指标，通过它可以解决色彩还原和色调处理的一系列问题。

白平衡的英文为White Balance，其基本概念是"在任何光源下，都能将白色物体还原为白色"，对在特定光源下拍摄时出现的偏色现象，可以通过加强对应的补色来进行补偿。相机的白平衡设定可以校准色温的偏差，在拍摄时我们可以大胆地调整白平衡来达到想要的画面效果。

白平衡设置是确保获得理想画面色彩的重要保证。所谓的白平衡是通过对白色被摄物的颜色还原（产生纯白的色彩效果），进而达到其他物体色彩准确还原的一种数字图像色彩处理的计算方法。白平衡的单位是K，一般无人机相机的白平衡参数在2000K-10000K之间。数值越小，色调越冷，拍摄到的画面越趋向于蓝色；数值越高，色调越暖，拍摄到的画面越趋向于黄色。

无人机白平衡的设置方法如下：在DJI FLY App的飞行界面中，点击右上角的"···"按钮，进入系统设置界面，之后进行设定；也可以在参数设定界面进行设定。

大部分情况下，建议将白平衡设定为"自动"。可以看到，本例中白平衡自动取值在5500K时，画面亮度比较正常。

点击"自动"按钮，可以切换为手动设定白平衡的状态，拖动滑块可以改变白平衡的数值。

当前白平衡模式为"自动"

将白平衡模式改为手动（"自动"按钮的背景变为灰色）

如果设定的白平衡数值低于正常显示色彩时的数值，那么画面会偏冷（青和蓝等色彩）

如果设定的白平衡数值高于显示正常色彩时的数值，那么画面会偏暖（红和黄等色彩）

3.7.2　错用白平衡，得到更具表现力的照片

实际拍摄时，我们也可以刻意错用白平衡，让拍摄的画面偏冷或偏暖，从而营造出更具表现力的意境。

设定比实际高的白平衡值，画面变得比正常色调要偏暖一些，更具表现力

设定比实际低的白平衡值，画面变得比正常色调要偏冷一些，让夜色的氛围更静谧

3.8 认识并使用直方图

3.8.1 直方图的峰值趋向与设置

直方图是用来显示图像亮度分布的工具，显示了画面中不同亮度的物体和区域所占的画面比例。横向代表亮度，纵向代表像素数量。亮度直方图其实也是一种柱状图，纵向的高度代表了像素密集程度，峰值越高，分布在这个亮度范围内的像素就越多。

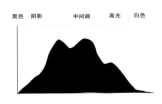

直方图波形与各区域的分布

直方图的规则是"左黑右白"。左侧代表暗部，右侧代表亮度，中间代表中间调。通过观察直方图可以快速诊断画面的曝光是否正常。一般来说，峰值集中在中间位置，形成一个趋于左右对称的山峰形状时，则表示画面曝光正常。

如果峰值集中在最右侧区域，则表示曝光过度。在这种情况下，你可以尝试使用更快的快门速度、更小的光圈、更低的ISO感光度来降低画面的曝光。

如果峰值集中在最左侧区域，则表示曝光不足，整体画面会显得很暗，这时则可以尝试使用更慢的快门速度、更大的光圈、更高的ISO感光度来增加画面的曝光。

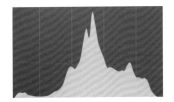

曝光正常

曝光过度

曝光不足

在系统设置界面中选择"拍摄"，开启"直方图"开关，拍摄界面左侧就会出现直方图。

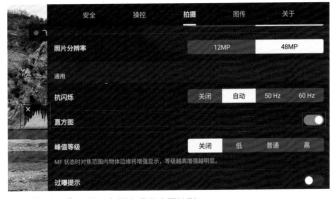

开启"直方图"功能，左侧出现直方图波形

3.8.2 直方图与画面效果的对应

下面我们分析几种画面明暗状态与直方图形状的对应关系。

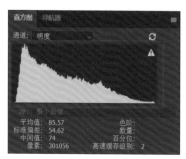

画面亮度适中，整体稍稍偏暗

直方图峰值偏左

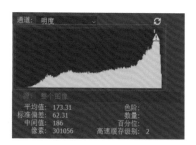

画面亮度偏高

直方图峰值偏右

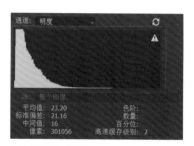

画面亮度严重偏低

直方图峰值严重偏左

第4章
掌握照片和视频
属性格式

为获得更好的照片或视频的表现力，在拍摄时，我们应该根据具体情况来设定合理的照片或视频格式，这样可以确保能够有很好的直出效果，或是为后期留下充足的空间。

本章我们将介绍照片与视频格式、视频类型以及视频的一些基本概念。

4.1 JPEG与RAW：两种基本照片格式

4.1.1 JPEG格式：出色的显示与兼容性

JPEG是摄影师最常用的照片格式，扩展名为.jpg（你可以在计算机内设定以大写还是小写字母的方式来显示扩展名，图中所示便是以小写字母.jpg表示）。因为JPEG格式照片在高压缩性能和高显示品质之间找到了平衡，用通俗的话来说即JPEG格式照片可以在占用很小空间的同时，具备很好的显示画质。并且，JPEG是普及性和用户认知度都非常高的一种照片格式，我们的计算机、手机等设备自带的读图软件都可以顺利地读取和显示这种格式照片。对于摄影师来说，几乎无论什么时候都要与这种照片格式打交道。

从技术的角度来讲，JPEG可以把文件压缩到很小。我们在手机、计算机屏幕上观看的照片往往不需要太高质量的显示，较小的存储空间和相对高质量的画质就是我们追求的目标了。因此我们选择JPEG 格式作为最常用的一种格式，是因为它既能满足在屏幕上观看照片的质量要求，又可以大幅缩小图片所占的存储的空间。

扩展名为.jpg的JPEG格式照片

对于大部分摄影爱好者来说，无论你最初拍摄了RAW、TIFF、DNG格式，还是曾经将照片保存为了PSD格式，最终在计算机上浏览、在网络上分享时，通常还是要将其转为JPEG格式呈现。

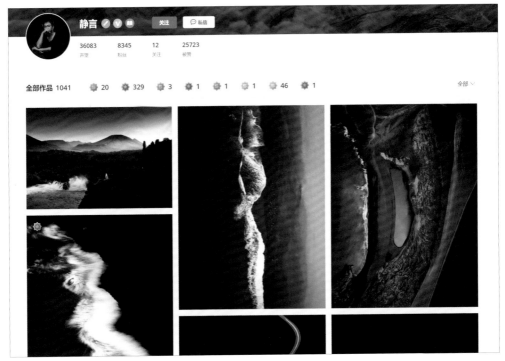

照片社区平台展示的照片大多为JPEG格式

4.1.2　RAW格式：保留拍摄的原始数据

从摄影的角度来看，RAW格式与JPEG是绝佳的搭配。RAW是数码单反相机的专用格式，是相机的感光元件CMOS或CCD图像感应器捕捉到的光源信号转化为数字信号的原始数据。RAW文件记录了数码相机传感器的原始信息，同时记录了由相机拍摄所产生的一些原数据（如ISO的设置、快门速度、光圈值、白平衡等）。RAW是未经处理、也未经压缩的格式，可以把RAW概念化为"原始图像编码数据"或更形象地称为"数字底片"。不同的相机有不同的对应格式，如.NEF、.CR2、.CR3、.RAW等。

因为RAW格式保留了摄影师创作时的所有原始数据，没有因优化或压缩而产生细节损失，所以特别适合作为后期处理的底稿使用。

这样，相机拍摄的RAW格式文件用于进行后期处理，最终转为JPEG格式照片在计算机上查看和在网络上分享。所以说，这两种格式是绝配！

在几年前，计算机自带的看图软件还无法读取RAW格式文件，并且许多读图软件也不支持（当然，现在已经几乎不存在这个问题了）。从这个角度来看，RAW格式的日常使用存在诸多不便。而在Photoshop软件中，RAW需要借助特定的增效工具Adobe Camera Raw（简称ACR）来进行读取和后期处理。

借助ACR打开并优化RAW格式文件

TIPS

RAW格式文件都是加密的，有自己独特的算法。厂商推出新机型的一段时间内，作为第三方的Adobe公司（开发Photoshop与Lightroom等软件的公司）可能还未来得及更新其软件以支持新机型的RAW格式文件，因此无法使用Photoshop或Lightroom读取。只有在Adobe公司将其软件就该新机型进行升级以适配RAW格式文件后，才能使用其旗下的Photoshop或Lightroom软件进行处理。

4.2 三种基本视频素材类型

4.2.1 709视频："所见即所得"的视频

Eec.709色域格式是高清电视（HDTV）的国际标准，被各大电视台在拍摄、采集、解码、制作、传输及播放HDTV节目时广泛采用，即，这些环节都是基于Eec.709色域空间的标准进行的。因此，709格式可以理解为高清电视节目的色彩标准。

　　此外，709模式还是相机和手机默认设置直接拍出来的视频格式。平时看电视节目的时候可以显示的色彩范围，也被称为Rec709模式。这种模式的特点是"所见即所得"，在摄像机屏幕上显示成什么颜色，最后成片就是什么颜色。

Rec.709格式的视频画面

　　Rec709格式的优点主要包括以下几点。

　　广泛的兼容性：Rec709是目前应用最广泛的高清电视标准之一，也是家用投影机使用的最常见的色彩标准之一。它规定了一套用于高清视频的色彩空间和色彩编码规范，其中包括了具体的红、绿、蓝三原色的色度坐标、亮度和色度范围等参数，以确保视频图像的色彩表现准确无误。因此，Rec709格式具有广泛的兼容性和可用性。

　　色彩表现满足日常需求：虽然Rec709的色彩范围相对较窄，只能覆盖一部分可见光谱，但相对于其他标准，如色域更宽的sRGB，Rec709的色彩表现已经足够满足大多数人的日常需求。

　　然而，Rec709格式也存在一些缺点，具体如下。

　　色彩范围有限：相对于更高级的标准，如DCI-P3和Rec.2020，Rec709的色彩范围较窄。这意味着它可能无法准确表示某些特定的、饱和度较高的颜色。

　　对高动态范围（HDR）支持不足：随着HDR技术的普及，用户对更高质量视频的需求也在增加。然而，Rec709标准在支持HDR方面存在局限性，无法充分展示HDR内容中的丰富色彩和细节。

4.2.2 Log视频：宽广的动态范围

Log视频是对数（Logarithmic）色彩空间的视频格式，它将视频信号转换为对数曲线进行记录。Log视频具有宽广的动态范围和丰富的色彩信息，可以在后期进行较大幅度的色彩调整和细节增强。这种格式常用于电影制作和高端电视节目制作，以获得更接近人眼视觉感知的色彩和亮度表现。

Log视频的优点主要包括以下几点。

宽广的动态范围：Log视频可以记录更多的高光和阴影细节，使得画面中的亮部和暗部都能得到很好的表现。

丰富的色彩信息：Log视频的色彩空间更宽广，可以记录更多的色彩信息，使得后期调色时具有更大的灵活性。

更好的曝光控制：Log视频在拍摄时可以采用更精细的曝光控制，以适应不同光线条件下的拍摄需求。

接近人眼视觉感知：Log视频的色彩和亮度表现更接近人眼的视觉感知，使得观看体验更加自然。

然而，Log视频也存在一些缺点，具体如下。

色彩还原需要后期处理：由于Log视频的色彩空间较宽广，直出的视频色彩往往看起来较为平淡，需要通过后期处理进行色彩还原和调整。

Log视频画面，灰蒙蒙的

对硬件设备要求较高：为了记录和显示宽广的动态范围和丰富的色彩信息，Log视频对拍摄设备和显示设备的性能要求较高。

文件体积较大：由于记录的信息量较大，Log视频的文件体积通常比常规视频格式的要大，对存储和传输带宽的要求也较高。

学习曲线较陡峭：对于不熟悉Log视频的摄影师和调色师来说，需要花费更多的时间和精力来学习和掌握其特性和使用技巧。

有些Log视频可能为10bit，所以即便是MP4格式，很多播放器也无法播放

总的来说，Log视频在提供高质量画面和丰富色彩信息的同时，也带来了一些挑战和额外的后期处理需求。对于专业制作和高端应用来说，这些挑战通常是可以接受的，因为最终的图像质量能够得到显著的提升。

4.2.3 RAW视频：记录最完整的原始信息

RAW视频的优点主要包括：

无损的色彩和细节：RAW视频保留了未经处理的原始数据，因此可以在后期制作中进行无损的色彩和细节调整，从而获得更高的色彩准确性和更丰富的细节表现。

更大的动态范围：RAW视频可以记录更多的高光和阴影细节，使得画面中的亮部和暗部都能得到很好的表现，从而获得更大的动态范围。

更高的灵活性和创意空间：由于RAW视频包含未经处理的原始数据，因此在后期制作中具有更大的灵活性和创意空间，可以根据需要进行各种调整和修饰。

| DSC04147.ARW | DSC04148.ARW | DSC04149.ARW | DSC04150.ARW | DSC04151.ARW | DSC04152.ARW |

RAW视频的原始素材

然而，RAW视频也存在一些缺点，具体如下。

文件体积较大：由于记录的是未经压缩的原始数据，因此RAW视频的文件体积通常比常规视频格式的要大得多，需要更多的存储空间和传输带宽。

对硬件设备要求较高：为了记录和播放RAW视频，需要使用支持该格式的硬件设备，如专业的相机和播放器等。

需要专业的后期处理：由于RAW视频是未经处理的原始数据，因此需要进行专业的后期处理才能将其转换为可观看的视频格式。这需要使用专业的后期处理软件和技术，对于非专业人士来说有一定的难度。

总的来说，RAW是一种高质量的视频格式，适用于专业制作和高端应用。它提供了更大的色彩和细节表现、更大的动态范围以及更大的灵活性和创意空间。然而，由于其文件体积较大、对硬件设备要求较高以及需要专业的后期处理等因素，也带来了一些挑战和额外的处理需求。

4.3 视频概念详解

4.3.1 帧、帧频与扫描方式

在描述视频属性时，我们经常会看到50Hz 1080i或是50Hz 1080P这样的参数。

首先这里明确一个原理，即视频是一幅幅连续运动的静态图像，通过持续、快速显示，最终以视频的方式呈现。

视频图像实现传播的基础是人眼的视觉残留特性，即，每s钟连续显示24幅以上的不同的静止画面时，人眼就会感觉图像是连续运动的，而不会把它们分辨为一幅幅静止画面。因此从再现活动图像的角度来说图像的刷新率必须达到24Hz以上。这里，一幅静态画面称为一帧画面，24Hz对应的是帧频率，即一s显示过24帧的画面。

24Hz只是能够流畅显示视频的最低值，实际上，帧频要达到50Hz以上才能消除视频画面的闪烁感，显示效果才会流畅、细腻。所以，当前我们看到很多摄像设备，已经出现了60Hz、120Hz等超高帧频的参数性能。

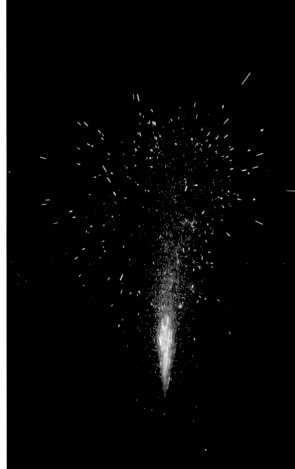

左图：24帧的视频画面截图，可以看到并不是特　　右图：60帧的视频画面截图，可以看到截图更清晰
别清晰

在视频性能参数中，i与P代表的是视频的扫描方式。其中，i是Interlaced的首字母，表示隔行扫描；P是Progressive的首字母，表示逐行扫描。多年以来，广播电视行业采用的是隔行扫描，而计算机显示、图形处理和数字电影则采用逐行扫描。

构成影像的最基本单位是像素，但在传输时并不以像素为单位，而是将像素串成一条条的水平线进行传输，这便是视频信号传输的扫描方式。1080就表示将画面由上向下分为了1080条由像素构成的线。

逐行扫描是指同时将1080条扫描线进行传输，隔行扫描则是指把一帧画面分成两组，一组是奇数扫描线，一组是偶数扫描线，分别传输。

相同帧频条件下，逐行扫描的视频信号，画质更高，但传输视频信号所需的信道太宽了。所以在视频画质下降不是太大的前提下，采用隔行扫描的方式，一次传输一半的画面信息，会减少视频传输付出的代价。与逐行扫描相比，隔行扫描节省了传输带宽，但也带来了一些负面影响。由于一帧是由两组在描线交错构成的，因此隔行扫描的垂直清晰度比逐行低一些。

4.3.2 分辨率（Resolution）与尺寸

分辨率，也常被称为图像的尺寸和大小，指一帧图像包含的像素的多少，直接影响了图像大小。分辨率越高，图像越大；分辨率越低，图像越小。

常见的分辨率如下：

4K：4096x2160（像素）/超高清

2K：2048x1080（像素）/超高清

1080P：1920x1080（像素）/全高清（1080i 是经过压缩的）

720P：1280x720（像素）/高清

通常情况下，4K和2K常用于电脑剪辑；而1080P和720P常用于手机剪辑。1080P和720P的使用频率较多，因为它们的容量会小一些，手机编辑起来会更加轻松。

4K分辨率的画面清晰度较高

720P分辨率的视频画面清晰度不太理想

4.3.3 码率（BPS）：被忽视的视频画质控制

码率BPS，也叫取样率，全称Bits Per Second，指每s传送的数据位数，常见单位KBPS（千位每秒）和MBPS（兆位每秒）。码率越大单位时间内取样率越大，数据流精度就越高，视频画面就更清晰，画面质量也更高。

TIPS
码率影响视频的体积，帧频影响视频的流畅度，分辨率影响视频的大小和清晰度。

4.3.4 全面掌握三种重要的视频格式

视频格式是指视频保存时的格式，通常是把视频和音频放在一个文件中，以方便同时播放。常见的视频格式有MP4、AVI、MOV、WMV、MKV、FLV、RAM等。

这些视频格式，有些适合于网络播放及传输，有些适合于在本地设备中以某些特定的播放器进行播放。

以下将重点讲解MP4、AVI和MOV3种格式。

1.MP4

MP4全称MPEG-4，是一种多媒体电脑档案格式，扩展名为.mp4。

MP4是一种非常流行的视频格式，许多电影、电视视频都采用MP4格式，其特点是压缩效率高，能够以较小的体积呈现出较高的画质。

2.AVI

AVI是由微软公司在1992年发布的视频格式，是英文全拼Audio Video Interleaved的缩写，意为音频视频交错，可以说是最悠久的视频格式之一。

AVI格式调用方便、图像质量好，但体积往往会比较庞大，并且有时候兼容性一般，有些播放器无法播放。

3.MOV

MOV是由Apple公司开发的一种音频、视频文件格式，也就是平时所说的QuickTime影片格式，常用于存储音频和视频等数字媒体。

MOV的优点是影片质量出色，不压缩，数据流通快，适合视频剪辑制作；缺点是文件较大。在网络上一般不使用mov及avi等体积较大的格式，而是一般使用体积更小、传输速度更快的mp4等格式。

4.3.5 视频编码（封装格式）

视频编码是指对视频进行压缩或解压缩的方式，或者是对视频格式进行转换的方式。

压缩视频体积，必然会导致数据的损失，如何能在最小数据损失的前提下尽量压缩视频体积，是视频编码的第一个研究方向；第二个研究方向是如何通过特定的编码方式，将一种视频格式转换为另外一种格式，如将AVI格式转换为MP4格式等。

视频编码主要有两大类，一是MPEG系列，二是H.26X系列。

1、MPEG系列（由"国际标准组织机构"下属的MPEG"运动图像专家组"开发）

（1）MPEG-1第二部分，主要使用在VCD上，有些在线视频也使用这种格式。该编解码器的体积大致上和原有的VHS录像带相当。

（2）MPEG-2第二部分，等同于H.262，主要应用于DVD、SVCD和大多数数字视频广播系统和有线分布系统中。

（3）MPEG-4第二部分，可以在网络传输、广播和媒体存储中使用，相比于MPEG-2和第一版的H.263，它的压缩性能有所提高。

（4）MPEG-4第十部分，技术上和H.264是相同的标准，有时候也被称作"AVC"。在"运动图像专家组"与"国际电信联盟"合作后，诞生了H.264/AVC标准。

2、H.26X系列（由"国际电信联盟"主导）

包括H.261、H.262、H.263、H.264、H.265等。

（1）H.261，主要在以前的视频会议和视频电话产品中使用。

（2）H.263，主要用于视频会议、视频电话和网络视频。

（3）H.264，是一种视频压缩标准，广泛用于高精度的视频录制、压缩和发布。

（4）H.265，是一种视频压缩标准。这种编码方式，不仅可提升图像质量，还可达到H.264格式的两倍压缩率，可支持4K分辨率，最高分辨率可达到8192×4320（8K分辨率），这也是目前发展的趋势。

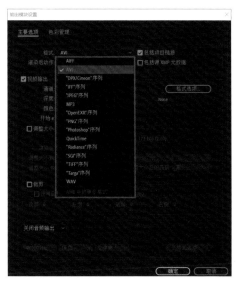

编码格式设定界面

设定H.264视频编码格式

4.3.6 "视频流"是什么意思

我们经常会听到"H.264码流""解码流""原始流""YUV流""编码流""压缩流""未压缩流"等叫法，实际这是对于视频是否经过压缩的区分和称呼。

视频流大致可以分为两种，即经过压缩的视频流和未经压缩的视频流。

1.经过压缩的视频流

经过压缩的视频流被称为"编码流"，目前以H.264为主，因此也通常被称为"H.264码流"。

2.未经压缩的视频流

未经压缩的视频流也就是解码后的流数据，称为"原始流"，也常常被称为"YUV流"。

从"H.264码流"到"YUV流"的过程称为解码，反之称为编码。

第5章
无人机航拍安全
注意事项

　　无人机航拍的安全，包括两个方面的知识点：其一，要注意禁飞区、限高区等相关规定，否则可能会导致"炸机"的问题；其二，飞行时，不但要注意自己飞机的安全，还要注意下方建筑及行人的安全。

5.1 掌握禁飞与限高区信息

为了保障公共空域的安全，有关部门和无人机公司为无人机设置了机场禁飞区和限高区。

5.1.1 了解禁飞区的相关信息

禁飞区，简单来说就是指未经允许不得飞入和经过的空域。空域主要分为融合空域和隔离空域，融合空域是指民航客机与无人机都可以飞行的空域，也就是我们进行航拍所能进入的空域，而隔离空域我们则很少接触到，可以不做了解。

禁飞区分为临时管制禁飞区和固定禁飞区。

临时管制禁飞区包括空军或民航局根据飞行任务所需，将某处空域进行一段时间的禁飞，并会公布禁飞区具体的经纬度坐标及高度要求；在大型演出、重要会议、灾难营救现场等区域设置临时禁飞区，在活动准备和进行阶段禁止飞行，以维护公共安全。后面这类临时发布的禁飞通知一般由当地公安部门负责下发。我们在飞行无人机之前需要了解当地的禁飞政策，尤其是在陌生城市，避免因为飞入禁飞区引发不必要的麻烦。

固定禁飞区是指机场、军事基地、政府机关、工业设施周围禁止飞行的区域。为了避免飞行风险，在重要政府机关、监狱、核电站等敏感区域设置了限飞区，这些区域边界向外延伸100m为永久禁飞区，完全禁止飞行。为了保护航班的起降安全和军事机密，各个城市的民用机场和军用机场更是重点禁飞区，机场跑道中心线两侧各10km、跑道两端各20km范围内禁止一切飞行器的飞行。

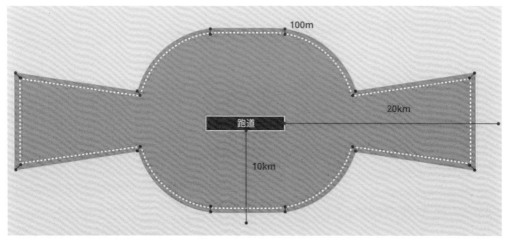

民用航空机场障碍物限制面保护范围

在大疆无人机的操作界面中我们也可以看到，遥控器的地图界面会对常见的机场禁飞区进行标注。

5.1.2 了解限高区的相关信息

我国大部分地区是微、轻型无人机的适飞空域，即无需申请即可合法飞，并不是一飞就"吃罚单"。一般来说，微型、轻型无人机在大部分地区的适飞空域内无需申请即可合法飞行，且这类飞行无强制证照资质要求。那么为什么我们总能在新闻上看到有人因为飞行不当而"吃罚单"呢？其实，大部分原因都是因为他们在管控区域内飞行或者在适飞空域中超高飞行了。到底飞多高才是安全合规的？

微型无人机适飞空域高度限制在50m以下，轻型无人机适飞空域高度限制在120m以下。只要在适飞空域飞行高度不超过飞行限制高度，无人机飞行完全可以合法又畅快。

5.1.3 查询禁飞区和限高区

目前大疆官方网站可以查询到机场禁飞区范围，不过此网站只支持大疆无人机查询。查询方法非常简单：

第一步：打开官网后，选择需要查询地区所在洲。

第二步：选需要查询的国家 | 地区。

第三步：选择你的无人机型号。

点击"查看临时禁飞区信息"，可以查看到部分临时禁飞的通知，里面详细列出了禁飞的城市和区域、禁飞的起止时间、颁发的部门以及禁飞要求等信息。你可以根据这里提供的信息合理安排飞行计划。

在大疆的限飞区查询界面，我们还可以看到除禁飞区和限高区外，还有授权区、警示区、加强警示区以及其他区域的标注。根据图例了解和熟悉空域会对你合法飞行无人机提供良好的帮助。

临时禁飞区信息通知

区域分类示意图及注释

也可以在DJI FLY App主界面查询禁飞区域。

　　进入DJI FLY App主界面，点击左上角的地点，在弹出的界面中点击搜索框，输入你想查询的地点，即可在地图上显示此地点的禁飞区域。

点击"附近航拍点"按钮

5.2　飞行安全注意事项

5.2.1　检查无人机的飞行环境是否安全

　　操作无人机的环境很重要，什么样的环境要格外注意，什么样的环境可以自由自在地飞行，这些都需要我们掌握。只有对飞行环境充分了解，才能安全地使用无人机，从而避免发生安全事故。

　　①人群聚集的环境不能起飞： 无人机起飞时要远离人群，不能在人群头顶飞行，这样很容易发生危险。因为无人机的桨叶旋转速度很快且很锋利，碰到人会划出很深的口子，因而在人群聚集区域飞行有很大的安全隐患。

　　如果想拍摄人员密集的大场景，应该怎么办呢？这个时候可以让无人机在远离人群的位置起飞，会稍微安全些。

远离人群飞行

②放风筝的环境不能飞：我们不能在有风筝的地方飞行无人机，风筝是无人机的"天敌"。之所以这么说是因为风筝靠一根很细的长线控制，而无人机在天上飞的时候，这根细线在图传屏幕上根本不可能发现，避障功能也会因此失效。如果一不小心撞到了这根线，无人机的桨叶就会被线缠住，甚至直接导致炸机。

③在城市中飞行，要寻找开阔地带：无人机在室外飞行的过程中主要依靠GPS进行卫星定位，并依靠各种传感器才得以安全飞行。但在高低错落的城市建筑群中，建筑外部的玻璃幕墙会影响无人机对信号的接收，进而造成无人机乱飞的情况。同时高层建筑楼顶可能还会配备有信号干扰装置，如果飞得太近的话很可能会丢失信号，导致无人机失联。

在城市高空飞行时，要寻找开阔地带

　　④大风、雨雪、雷暴等恶劣天气不要飞行：如果室外的风速达到5级以上，对于无人机而言就属于比较危险的情况，尤其是小型无人机更是如此，比如大疆Air系列在这种大风天气下飞行会直接被风吹跑，无影无踪。大型无人机相对而言抗风性能会比较好，但当遇到更大风速的环境也很难维持机身平衡，可能导致炸机。雨雪天气下飞行会产生飞行阻力，而且无人机会被淋湿，可能会对电池等部件造成损伤。可以选择在雪停以后再飞，雪后的景色也是很美的。雷电天气飞行有可能直接引雷到无人机身上，导致无人机发生爆炸，非常危险。

雪后航拍山脉美景

5.2.2 检查无人机机身是否正常

无人机的外观检查是飞行前的必需工作，主要包括以下内容：

① 检查外观是否有损伤，硬件是否有松动现象。

② 检查电池是否扣紧，电池未正确安装会对飞行造成很大的安全隐患。

③ 确保电机安装牢固、电机内无异物并且能自由旋转。

④ 检查螺旋桨是否正确安装。桨叶正确安装方法如下：将带标记的螺旋桨安装至带有标记的电机桨座上。将桨帽嵌入电机桨座并按压到底，沿锁紧方向旋转螺旋桨到底，松手后螺旋桨将弹起锁紧。使用同样的方法将不带标记的螺旋桨安装至不带标记的电机桨座上。螺旋桨的正确安装方式如下图所示。

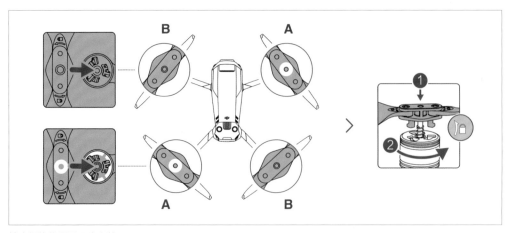

检查螺旋桨是否正确安装

⑤ 确保飞行器电源开启后，电调会发出提示音。

5.2.3　校准IMU和指南针

如果是全新未起飞过的无人机，建议做一次IMU校准，防止飞行中出现定位错误等问题。而如果是飞行器受到大的震动或未放置水平时，开机自检的时候会显示IMU异常，此时也需要重新校准IMU。IMU校准具体步骤如下：开启飞机遥控器，连上App，把飞机放置在水平的台面上；进入DJI FLY App，打开"安全设置-""传感器状态"-"IMU校准"。

如果无人机处于易被电磁干扰的环境中（比如铁栏杆附近），那么进行指南针校准是很有必要的。

进行IMU校准与指南针校准的步骤如图所示。

查看IMU与指南针状态

点击"开始"按钮进行指南针校准

点击"开始"按钮进行IMU校准

5.2.4　无人机起飞时的相关操作

无人机在沙地或者在雪地环境中起飞时，建议使用停机坪起降，能降低沙尘或雪水进入无人机造成损坏的风险。在一些崎岖的地形条件下，也可以借助装载无人机的箱包来起降。

起飞无人机后，应该先使无人机在离地5m左右的高度悬停一会儿，然后试一试前、后、左、右飞行动作是否能正常做出，并检查无人机在飞行过程中是否稳定顺畅。如果无人机各功能正常，再上升至更高高度进行拍摄。

在飞行过程中，遥控器天线要与无人机的天线保持平行，而且要尽量保证遥控器天线与无人机之间没有遮挡物，否则可能会影响对频。

站立操控无人机，这个场景中，要确保飞行器与遥控器在山的同一侧而不会有遮挡的问题

5.2.5　确保无人机的飞行高度安全

无人机在户外飞行时，最大飞行高度默认是120m，还可以通过设置调整到500m（当地没有限高的前提下）。对于新手来说，无人机飞行高度小于120m时是比较安全的，因为无人机会保持在我们视线范围内，便于我们监测其动向。当无人机脱离120m的高度限制后，我们就很难肉眼观测到它，炸机等事故发生的风险也随之增高。用户可以在App的安全设置中改变最大高度。

设置无人机最大飞行高度

5.2.6　设定返航高度，提高返航安全

除最大飞行高度外，我们还应该注意无人机的返航高度。某些情况下，我们可以设置无人机先上升或下降到特定高度，然后保持该高度返航到起飞点上空，然后再垂直下落。这样操作可以避免在返航途中遇到低空的树枝、电线等物体而发生炸机。

设定返航高度为150m

5.2.7　夜晚飞行注意事项

每当夜幕降临，华灯璀璨的美丽夜景总会让人流连忘返，尤其用无人机拍摄更有可以俯瞰繁华夜色的优势。航拍夜景大多都是在灯火通明的市区，由于市区多有高楼林立，飞行环境相当复杂，因而夜晚航拍要想做到安全，就需要我们白天提前勘景、踩点。笔者建议提前在各大社交平台查一下夜航飞行地点，找好机位后白天再去踩点。最好找一个宽敞的地方作为起降点。起降地点一定要避免树木、电线、高楼、信号塔。因为夜晚下，肉眼难以看到电线、建设中的楼宇障碍物，无人机臂章功能也将失效。航拍城市夜景时，建议白天先观测好飞行路线。夜晚时可以用激光笔照射天空，如果有障碍物，光线会被切断。

航拍城市夜景

5.2.8 飞行中遭遇大风天气的应对方法

在大风中飞行无人机时要格外注意，因为大风会使无人机失去平衡，甚至会吹飞小型的无人机。笔者建议在风中飞行无人机时点击App左下角的 按钮，再点击小地图右下角切换为"姿态球"，如右图所示。

 ←切换为姿态球

姿态球中两条短线代表着飞机的俯仰姿态，当飞机处于上仰姿态时，双横线位于箭头下方，反之则双横线位于箭头上方。因为地表和高空的环境存在差异（高空障碍物少，阻力低），通常都是无人机起飞之后，我们才发现风速过大。如果发现遭遇强风，建议立刻降低飞行器高度，然后尽快手动将飞行器降落至安全的地点。遇到持续性大风时，不建议使用自动返航，最好的应对方案是手动控制飞回，如果风速过大，App通常会有弹窗警告。

如果遭遇突如其来的阵风，或者返航方向逆风，可能会导致飞行器无法及时返航。此时可通过肉眼观察，或者查看图传画面，快速锁定附近合适的地方先行降落，之后再前往寻找。判断降落地点是否合适有3个标准：一是避免降落在行人多的地面，防止伤人；二是不会对飞行器造成损坏，平坦的硬质地面最好；三是易于抵达，且具有比较高的辨识度，易于后期寻找。

最后补充一点，遭遇大风且无法悬停时，可以将无人机飞行模式调整为运动模式，这样可以以满动力对抗强风。要注意一定要将机头对着风向逆风飞行，这样会大大增加抗风能力。这种方法仅限于在紧急情况下使用，请勿轻易尝试。

5.2.9　飞行中图传信号丢失的处理方法

当App上的图传信号丢失时，应该马上调整天线与自身位置，看能否重拾信号，因为图传信号消失大概率是因为无人机距离过远或者信号有遮挡导致的。如果无法重拾图传信号，可以用肉眼寻找无人机的位置，假如可以看到无人机，那么就可以控制无人机返航；要是看不到无人机，就可以尝试手动拉升无人机高度几秒钟来避开建筑物障碍，使无人机位于开阔区域，这样可以重新获得图传信号。

如果还是没有图传信号，那么应该检查App上方的遥控信号是否存在，然后打开左下角的地图尝试转动摇杆观察无人机朝向变化，若有变化则说明只是图传信号丢失，用户依旧可以通过地图操作无人机返航。

如果尝试了多种方法依旧无效，笔者建议按返航键一键返航，然后等待无人机自动返航，这是比较安全的处理方法。

5.2.10　无人机降落时的相关操作

在无人机降落过程中，有许多值得注意的点。首先要确认降落点是否安全，地面是否平整，区域是否开阔，是否有遮挡等。还应注意无人机的电量，如果无人机的电量不足以支持其返航，它就会原地降落，这时需要通过地图确定无人机的具体位置。在不平整或有遮挡的路面降落可能会损坏无人机。

在光线较弱条件下，无人机的视觉传感器可能会出现识别误差。在夜间使用自动返航功能时应该事先判断附近是否有障碍物，谨慎操作。等无人机返回至返航点附近时，可以按停止键停止自动返航功能，再手动降落至安全的起飞点。

降落至最后几米时，笔者建议将无人机的云台抬起至水平状态，以避免无人机降落时镜头磕碰到地面。等降落到地面后，先关闭无人机，再关闭遥控器，以确保无人机时刻可接收到遥控信号，确保安全。

在不平整或有遮挡的路面降落可能会损坏无人机

5.2.11 无人机失联后，如何找回

如果用户不知道无人机在失联前在天空中的哪个位置，可以给大疆的官方客服打电话，在客服的帮助下寻回无人机。

除了寻求客服帮助外，我们还可以通过DJI FLY App自主找回失联的无人机。

① 进入DJI FLY App主界面，点击界面右上角的"…"进入菜单界面。

② 在"安全"菜单内，点击"找飞机"选项，在打开的地图中可以看到当前飞机的位置。

点击"找飞机"选项

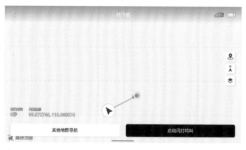

在展开的地图上可以看到飞机位置

此外，用户在"飞行记录"中也可以查看当前飞机的位置。具体在DJI FLY App主界面中点击"我的"进行查看。

需要注意的是，大部分情况下用户的大疆账号是处于登录状态的。如果没有处于登录状态，需要提前点击头像下的"登录"按钮，进行登录。

点击"登录"按钮

用个人账号进行登录

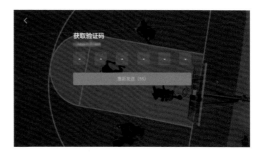

验证码登录

登录后会显示该用户的飞行状态

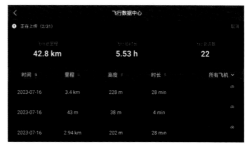

点击"个人飞行数据"，可以查看到用户详细的飞行数据，在数据中可以查看飞机的位置

5.3 特殊场景的飞行安全

无人机航拍的过程并不总是一帆风顺，有时难免会遇到一些特殊场景或者极端天气，给飞手带来很大的心理压力。尤其是对于飞行新手来说，起飞后心里总是非常忐忑，担心无人机不能顺利返航。本节我们就一些特殊的天气场景进行针对性的分析，帮助大家从容应对将来可能会遇到的各种极端天气，以合理安排飞行任务。

雨天山谷场景的水雾很大

5.3.1 雨天拍摄的注意事项

下雨天气是不适合无人机飞行的天气之一。首先，无人机设备不具备防雨防水的特性，电机及电子元器件很容易因被浸湿而破坏，造成设备损坏。其次，雨天的光线较暗，拍出来的照片会显得灰蒙蒙的，只能满足少部分特殊的拍摄需求。

如果需要在雨天飞行无人机，可以提前查看天气预报，尽量错开下雨的时间段进行飞行。你也可以随身携带一块吸水的毛巾及时擦拭无人机。如果在刚下过雨的山区飞行，还需要注意有无水蒸气凝结的水雾，尽量避免让无人机穿越水雾，因为水蒸气凝结的水珠也会对无人机电机构成安全威胁。

5.3.2 风天拍摄的注意事项

在大风天气，无人机为了保持姿态和飞行，会耗费更多的电量，续航时间会缩短，同时飞行稳定性也会大幅度下降。所以我们在操控无人机时要注意最大风速不要超过无人机的最大飞行速度。如果飞行过程中风速过大，遥控器屏幕上会出现相应的提醒，这时候一定不要逞强或者抱有侥幸心理，最好及时将无人机返航，等待风速小一些的时候再次起飞。

气流的出现会使在飞行中的无人机突然上升或者下沉。例如在沙漠、戈壁拍摄时，上升气流会十分明显。如果是抗风能力低的轻型无人机，很有可能在无法承受的大风中被吹飞。所以在特殊环境下要时刻注意无人机的飞行状态，及时调整或选择返航，避免意外发生。如果天气预报预测的风力大于无人机的抗风等级，千万注意不要起飞！

飞行时还要注意判别风向。如果是逆风，无人机的飞行速度会受影响，电量也会比无风状态下消耗得更快，此时要多预留一些电量用于返航，以免无人机无法正常飞回起降点。

5.3.3 雪天拍摄的注意事项

在雪天用无人机记录雪花漫天飞舞的过程，可以带给人们非常震撼的视觉感受。美丽的雪景非常适合用无人机航拍，但不宜飞行时间过久，原因和雨天类似，雪花接触到电机后会因高温而融化变成水，对于无人机来说存在短路的风险。

雪天的气温较低，受低气温的影响，无人机电池温度也会随之降低，有可能导致无人机无法起飞。所以我们要随身携带一些保温设备，其中最方便的就是暖宝宝，直接贴在无人机机身上就可以让电池保暖。另外，低温会使无人机的续航时间缩短，所以我们要随时关注剩余电量，根据电量提醒合理安排拍摄内容。

在无人机起飞降落的时候，要选择地面没有积雪的起降点，以保障无人机的安全。如果有条件的话，建议使用停机坪起降，能大大降低雪水进入无人机的概率。在一些崎岖地形也可以借助表面平整的无人机箱包来起降。

雪景拍摄画面

5.3.4 雾天拍摄的注意事项

  浓雾天气是能见度较低的场景与之类似的还有浮尘天气。在雾天操控无人机安全性低，且拍摄出来的画面非常灰暗，难以拍出好看的素材。那么如何判断雾是否大到影响飞行呢？我们可以通过目视的方式，通常来说，如果能见度小于800m，那么就可以称之为大雾，不适宜无人机飞行。

  实际上大雾天气不仅影响可见度，也影响空气湿度。在大雾中飞行，无人机也会变得潮湿，有可能影响到内部高精密部件的运行，而且在镜头表面上形成的水汽也会影响航拍效果。对于无人机这类精密的电子产品，水汽一旦渗入内部，非常可能腐蚀内部电子元器件。所以在雾天使用无人机后，除了进行简单的拭擦外，还要做好干燥除湿的保养工作。可以将无人机放置到电子防潮箱中，或者将无人机与干燥剂一起放于密封箱中进行保存。

  这里我再举个极端的例子，无人机在雾气中可能会失灵，把100m高空识别成地面，这样会导致什么后果可想而知。如果你没有眼疾手快地控制摇杆，很可能就此痛失一台无人机。雨天雪天雾天飞行有风险，一定要斟酌好！

浓雾天气画面2

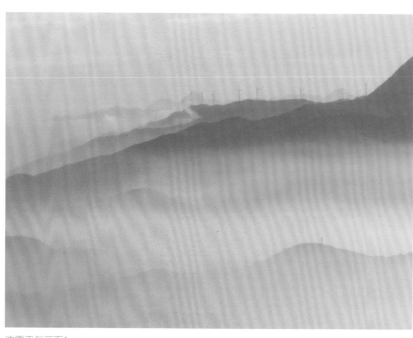

浓雾天气画面1

穿云航拍画面1

5.3.5 穿云拍摄的注意事项

穿云航拍时的朦胧飘逸是令人惊艳的。但是如果云层过厚，我们就不能实时监测无人机的动向，具有一定的危险性。所以要时刻观察无人机的动向，发现踪影比较模糊时就要注意返航，确保飞行安全。

穿云航拍画面2

5.3.6 高温或低温天气拍摄的注意事项

在炎热天气切忌飞行太久，且应在两次飞行之间让无人机进行充分的休息和冷却。因为无人机的电机在运转产生升力的时候，也会连带产生大量的热量，非常容易过热，在一些极端情况下甚至可能会使一些零部件或线缆融化。

在严寒天气也要避免飞行时间过长，在飞行中要密切关注电池情况。因为低温会降低电池的效率，续航时间会有所下降。一旦发现电量猛然降低，就要赶快采取应急措施赶紧返航！

夜间航拍画面1

5.3.7 夜晚拍摄的注意事项

　　夜幕低垂，华灯璀璨的城市夜景总会让人流连忘返。夜间飞行是航拍爱好者最喜欢的航拍方式之一，同样的场景在白天和夜晚拍摄就是完全不同的风格和氛围。夜间飞行的安全问题也是不容忽视的。在无人机起飞后和进行位置移动之前，一定要先操控无人机旋转一周，环视周围的环境，确认一下水平高度内有没有障碍物，距离障碍物大概有多远，心里有数后再继续其他的飞行动作。这样做的原因是夜间在环境光很差的情况下，无人机避障模块很难识别到障碍物，当无人机在横向移动和后退移动的时候，由于相机依然是朝向前方，因而无法确定无人机的飞行线路上会不会触碰到障碍物，这也是许多新手在刚开始练习夜间航拍的时候最容易忽视的问题。当然，如果时间充足的话，最好的方法还是在白天提前到达起降点进行踏勘踩点。另外，起降点一定要避开树木、电线、高楼和信号塔等。

夜间航拍画面2

第6章
航拍的准备与规划

　　经过前面章节中无人机的操作方法以及遥控器的使用方法的学习，想必你已经初步具备了在室外飞行无人机的能力，但这并不意味着你已经牢牢掌握了所有的飞行知识。要知道航拍前的准备工作同样重要，好的飞行规划会让航拍效率大大提升。

6.1 航拍出发前的准备工作

在外出航拍之前，需要先明确本次飞行的目的和要求。例如拍什么？怎么拍？在什么时间拍？去什么地方拍？拍多久？只有在明确飞行目的和要求后才能进一步做好周全的准备工作。本节我们将会对飞行前期的准备工作进行分步讲解。

6.1.1 制作飞行计划表

列出飞行计划是准备工作中最先开始的一环，其目的是对飞行场景做一个系统的梳理。例如，我想要拍摄一些城市日落的视频素材，那么"城市日落"就是本次要拍摄的主题内容，然后根据主题内容明确本次飞行的时间、地点、空域情况和所需设备。同时还要查询飞行当天的天气情况，并且事先想好其他可能会影响到拍摄的问题。

下面是一个飞行计划表，你可以参考它来制订自己的飞行计划。

拍摄日期	主题内容	拍摄时间	拍摄地点	空域情况	所需设备	天气情况	其他
11 月 10 日	城市日落	17:20-18:00	青岛五四广场	是否存在禁飞区和限高区	无人机、电池、SD 卡、桨叶、遥控器、手机、充电器、备用电池、备用桨叶、UV 镜等	晴天还是多云，是否有雨雪雾，气温、风力、风向如何等	是否会有保安拦截飞行的问题

6.1.2 确定拍摄时间段（如日落时间查询等）

在飞行计划表中，我们可以看到拍摄主题是"城市日落"，拍摄日期是 11 月 10 日，那么我们怎么确定日落的时间段呢？你可以借助手机中的天气预报来查看拍摄地的日出日落时间，或者在网上搜索当地的日出日落时刻表。

另一个需要在天气预报中查看的就是日落时刻的天气情况。天气预报会显示以小时为单位的天气情况，例如 11 月 10 日的日落时刻正好是晴天，这就意味着可以拍摄到日落。假设这个时候恰好是多云或者下雨，那就意味着大概率是看不到日落的，就算是去了也无法拍摄到想要的画面，那么你就可能要改变拍摄计划了。

通过天气预报查询日落时间　　查询天气情况

6.1.3 航拍设备与附件清单检查

出发前的最后一项准备工作就是清点航拍
设备。不论携带什么设备和配件，一定都要在出
发前按照飞行计划表清点一遍，并确保遥控器和
无人机电池已经充满电，桨叶完整无破损。如果
是需要连接手机的普通遥控器，还要确保手机的
电量充足。千万要注意查看SD卡是否已插在无
人机机身内，很多人因为忘记携带SD卡而导致
整个拍摄计划泡汤。

提前准备好飞行所需要的各种配件

6.1.4 拍摄现场环境安全检查

在室外航拍的时候，周边可能会存在多种干扰因素，威胁飞行的安全，比如电线、电塔、信号
塔、高楼、树枝、水面、峡谷等固定障碍物，或是电磁信号等可能干扰信号的潜在因素。

峡谷场景

　　固定的障碍物中，电线和信号塔的斜拉线都属于无法被避障模块识别到的障碍物，所以在飞行的时候要有规避此类危险障碍物的意识。应通过云台相机的第一视角画面进行判断，避免无人机机身触碰到障碍物，造成炸机。

电线杆上的电线

在高楼林立的城市中飞行无人机，要注意楼体的玻璃表面也无法被避障模块识别。而且，当无人机靠近楼体的时候，两座相邻的高楼中间的气流是非常乱的，可能会出现阵风，严重的强阵风会干扰无人机悬停的稳定性，造成无人机被"吹"到大楼上撞落的情况。因此飞行时要与高楼保持安全距离，并且避免在两座高楼之间的区域飞行。高楼的另一个潜在风险是容易遮挡遥控器和无人机之间的信号，特别是当无人机和遥控器之间隔着楼体时，会造成遥控器图传数传信号丢失的情况，严重的话也会造成炸机。

在自然环境中，也有许多可能会影响无人机飞行安全的情况。比如树枝和树叶，斜拉线的情况类似，有时难以靠避障模块识别避障。因此在近距离拍摄树木题材的场景时，要与树枝保持一定的安全距离，避免螺旋桨打到树枝树叶造成炸机。

我们都知道，无人机是不防水且无法在水中完成飞行动作的，掉入水中也就意味着无人机丢失。然而，在拍摄江河湖海等场景内，如果无人机距离湖面很近，可能会出现无人机突然被吸入水中的奇怪现象，你知道是为什么吗？这是因为无人机在距离水面约为两个翼展高度内的时候，会因缺少地面效应而下坠以至掉入水里。所以我们在拍摄水面的时候，先要通过摄像头判断距离水面的高度，拿不准的时候就飞高一些，保证无人机与水面之间的安全高度。

在峡谷地区飞行与在高楼之间飞行的注意事项类似，尤其要注意变化不定的风向和狭窄风口的强烈阵风，保障无人机安全。

相邻的高楼

林间飞行，要注意周边的树枝

6.2 航拍前期规划：脚本、起降点及航线

6.2.1 起草拍摄脚本

如果是比较正式的短视频作品创作，在航拍前，要事先预想出成片效果，包括每个航拍镜头的起幅落幅位置、运镜形式及速度时长、转场和剪辑方式、景别与光线效果等。为了在现场能以最高效率完成拍摄，特别是避免漏拍镜头，需要在拍摄前撰写较为详细的拍摄脚本。拍摄脚本可以是文字形式，也可以是手绘或者图片的形式。拍摄脚本需要包含拍摄地点，拍摄内容，镜头说明、拍摄时间、草图或样张、镜头时长等基本信息。如果有演员出镜，还需要添加服装、道具等详细信息。

镜头	景别	画面内容	音乐	解说词	时长（s）	备注
		《望长城》短视频拍摄脚本				
		拍摄主题：长城；拍摄地点：各地长城；拍摄时间：20xx年11月-20xx年12月				
1	远景		舒缓、悠长、渐隐		5	
2	全景	渐入渐出的一段长城			2	
3		黑场			1	
4	远景	太阳从关楼升起	渐起，浑厚、舒缓		20	变速到20s
5	全景	三青山云海			45	
6	远景	草原河流落日			15	
7	近景	箭扣云海			20	
8		金山岭云海			12	
9		金山岭长城全貌			10	
10		金山岭长城云海			10	
11		彗星掠过长城敌楼			15	
12		正北楼与中国尊合影			15	
13		司马台长城雨后			15	

按视频拍摄剧本的格式

如果情况允许，可制作航拍镜头脚本，提前将要进行拍摄的流程仔细地记录在文档中，规范航拍全流程。

6.2.2 选择合理的起降点

想要寻找合适的无人机起降位置，有几个重要的点需要注意。一是要选择地形平坦、地面平整的位置。地形平坦是指不要选择斜坡，地面平整是指无人机周边半径1m范围内不要有突起和坑洞。二是起降点周边半径5m范围内不要有杂草、碎石、沙砾、坚硬物体等障碍物，避免无人机在起降过程中触碰到障碍物或让尘土卷入电机内卡壳导致无人机炸机的情况发生。三是查看起降点周边的电磁情况，你可以查看遥控器内的数传图传通道的信号强弱程度，也可以借助其他辅助工具来查看。

平坦开阔的起降点

6.2.3 航线规划的技巧

航线规划是视频航拍的组成部分，充分的准备工作能使拍摄更为顺利。

航线规划中，拍摄者要做到：

（1）起飞无人机对航路区域进行全景勘测，包括飞行空间的大小和视觉死角，确认这条航线是否安全。

（2）思考是否会飞到遮挡 GPS 信号的位置。

（3）观察是否存在可能对信号产生干扰的物体，如高压线和信号塔等。

（4）观测航线上存在的物体，预判画面效果。

（5）这条航线拍摄的画面是否好看？对航拍飞行路线进行设计。

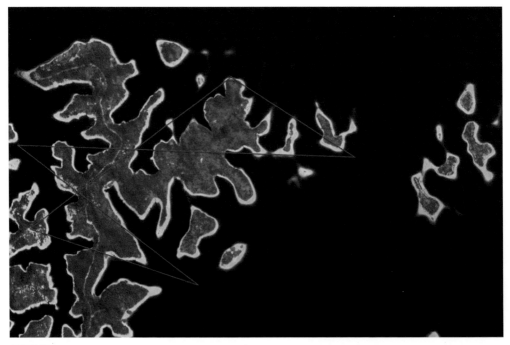

规划航线

航线规划是视频航拍的重要组成部分，充分的准备工作将使我们更安全、愉快地享受航拍摄影乐趣。

第7章
航拍景别、光线
与构图的技巧

　　本章就航拍景别的分类、视角高低的选择、航拍用光的技巧，以及常见
的构图方法进行讲解，使航拍作品变得更具"专业性"。

7.1 视频景别与用途

在传统摄影中，景别由远至近分为远景、全景、中景、近景和特写。而在航拍摄影中，受拍摄方法和航拍器性能特点的限制，我们很难拍出特写的画面，所以航拍摄影的景别通常分为远景、全景、中景、近景。下面将对这4种景别进行介绍。

7.1.1 远景：呈现开阔场景或交代环境

在航拍中，远景多用来展现自然景观的环境全貌、展示主体周围的广阔空间，以及大型活动现场的镜头画面。远景画面能够让观者领略到空中视角下的宽广视野，具有纵观全局的效果，画面十分有气势，给人以整体感。但在远景照片中，缺乏景物细节的描绘，画面中的元素也较多。

远景画面

全景画面

7.1.2 全景：展现主体对象全貌

全景相较于远景来说，主体在整体画面中所占的比例更大，使得主体看起来距离我们更近一些。在全景画面中，被摄主体与其周围的环境样貌一起出现，展现主体的同时也能交代环境，但景物的细节同样比较粗略。

7.1.3 中景：表现局部特征

观者在欣赏作品时会首先关注到主体，而中景便是突出了场景环境里某个单独主体的信息和特征。在中景画面中，仍然能展现小部分背景环境，主体相较于全景则被放大了很多。

中景画面

7.1.4 近景：展现局部细节

近景在中景的基础上更近一步放大拍摄主体，重点表现主体的细节和特征，主体周边的环境基本消失。在近景画面中，环境空间被淡化，处于陪体地位，观者的视线会自然地落在主体人物、建筑物或景物身上，因此近景的作用就是刻画主体。

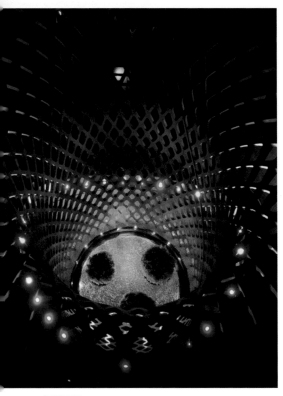

近景画面

7.2 选择合适的航拍机位高度

无人机在空中的实际位置、镜头的角度以及镜头的焦距等因素都会对构图产生影响。普通地面摄影，我们可以通过最简单的移动寻找合适的拍摄位置，扩大或缩小拍摄者与主体间的距离，并寻找合适的衬托主体的前景和背景。而在航拍摄影中，我们是通过控制飞行器所处位置与镜头的转动，达到最佳的拍摄位置。只有掌握了相应的飞控技术和云台相机视角调控技巧，才能真正发挥无人机全方位、多视角的拍摄优势。

无人机拍摄的视角可分为俯仰视角和水平视角。俯仰视角是指无人机相机镜头对拍摄对象的视线与水平视线之间的夹角。俯仰视角一般在仰视30°到俯视90°之间，但一般不建议大角度仰拍，因为仰拍容易拍摄到无人机自身机体，使画面产生黑边。水平视角是指无人机以某一水平视线（如对拍摄对象的水平视线）作为0°角度，经360°不等的水平旋转，从而产生的不同视角。

以10°仰视角拍摄

以45°俯视角拍摄的风景，更加具象

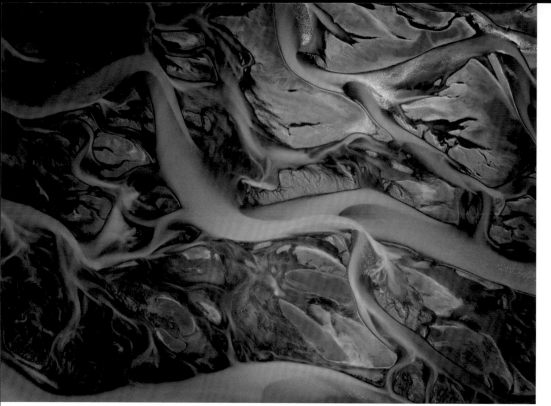

以90°俯视角拍摄的海岸线，更加抽象。镜头垂直于地面90°角进行拍摄，犹如鸟儿俯瞰大地一般，将我们日常生活中常见的事物换以完全不同的方式进行呈现，得到了与以往印象中完全不同的视角，表现出一种另类美感。这个角度也只能借助航拍设备完成

不同的拍摄高度对画面表现力也有着较大的影响，不仅在很大程度上决定了画面的景别，还会影响视角。航拍摄影并不是一味地求大而全，在空中，我们可以合理规划航线，灵巧机动地移位，甚至在巷道穿行，获得更精准和自由的摄影角度。不过，在狭窄的巷道中飞行时请保持飞行器在视距范围内操作。

在人眼所不能达到的高度进行0°平视角拍摄的画面

7.3 光线与画面特征

受光线的影响，世界万物会呈现出不同的视觉色彩和景观效果。你会发现在不同时间拍摄同一位置的同一景物时，画面会表现出完全不同的风格和样貌。这是因为光照射到被摄主体上时，光的强弱、位置、角度及光质的变化都会改变主体所呈现的状态。光线在一天当中会随时间的改变而不停变化，被摄物体也会随着光线条件的变化而改变。因此善于运用不同的光线，把握合适的拍摄时机也是拍出好作品的重要因素之一。

在一般的航拍摄影当中，由于拍摄主体的范围更大更广，人造光源无法让航拍被摄物体产生多样的变化，所以在实际的拍摄过程中，拍摄所使用的光源往往是自然光。

光的性质有硬光和柔光之分。硬光大多出现在晴天中午阳光较为强烈的时分，主体会产生清晰而又边缘明确的影子。柔光大多出现在阴天和日出日落时分，这时候是漫散射式的光线，光线不具有方向性，主体没有明确而又清晰的影子。

晴天的阳光非常强烈，质感非常硬朗，色彩也更加鲜艳，此时受光部分与背光部分的差异特别大，画面中最亮的部分是没有信息的白色，最暗的部分是没有色彩信息的黑色，不存在明暗柔和细腻的过渡，应避免在这种条件下进行拍摄。

阴天的时候，由于太阳被云朵遮挡，光线会被漫散射到地面，光线不再强烈，景物明暗过渡更加自然，展示的信息更多，比较适合拍摄风光。

遇到降雨天气时，通常在雨后雾气消散时，空气的透明度会大大提高，被摄物体的颜色饱和度也会有所提升。

不同的光线投射角度形成的画面明暗效果不同，概括起来有如下5种：顺光、逆光、侧光、顶光、底光。下面我们就几种常见光的投射方式来讲解如何合理地运用光线进行航拍。

7.3.1 顺光：呈现丰富细节与色彩

顺光是指光线方向和无人机镜头方向一致，光线投向被摄主体正面而产生的效果。在顺光条件下，被摄主体的大部分区域都能得到足够的光照，所拍摄的整个画面都能呈现出明亮的感觉，不会在被摄物体上留下明显的明暗对比。顺光拍摄的照片中，所有的细节都可以很好地辨认，曝光比较好控制，但拍摄出来的画面立体感较弱。

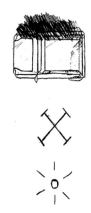

顺光示意图

7.3.2 逆光：隐藏细节与勾勒轮廓

逆光与顺光刚好相反，是指镜头的方向与光线的方向相反，光线从被摄主体的后方投射过来产生的效果。在逆光情况下，被摄主体的正面不能得到正常的曝光，细节会变得非常模糊。逆光拍摄对拍摄者的能力要求较高。在逆光拍摄时不易控制曝光，如果画面中出现太阳，那么光源周边容易出现高光溢出的问题，从而产生过曝的情况，但如果控制得当，画面的感染力会比较强。逆光拍摄一般用于制造朦胧氛围、突出被摄物体的轮廓。

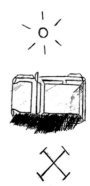

逆光示意图

7.3.3 侧光：强化画面的线条

侧光是指从被摄主体的侧面照射过来的光线。在侧光下，被摄主体上会形成明显的受光面和阴影面，面向光源的部分非常突出，背向光源的部分则被削弱，照片的立体感得到增强。侧光拍摄的画面明暗反差鲜明，层次丰富，多用于表现被摄主体的空间深度和立体感。如果被摄主体的纹理非常丰富，例如拍摄山川、沙漠等场景，则侧光在突出主体纹理细节上非常适用。

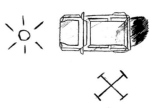

侧光示意图

7.3.4 顶光与底光：特殊的造型光

顶光是指从被摄主体的上方照射过来的光线。在航拍摄影中，我们经常会拍摄一些云台垂直向下俯瞰的视角，此时如果是正午时刻，太阳会位于无人机和被摄主体的正上方，形成顶光的状态。顶光可以更好地突出被摄主体的轮廓和形态，并借助光线使被摄主体和周边环境形成区分和反差，营造一种对比的氛围。

顶光示意图

底光的拍摄环境较为少见，是指从被摄主体底部向上投射的光线，最常见的底光是水平面的反射光，或是在夜间较为漆黑的环境中人为营造的灯光。底光拍摄的画面往往具有神秘感和新奇感，多见于舞台、夜间足球场等场景中作为无投影照明或表现地面背景的造型光，特殊而有趣。

底光示意图

7.4 航拍构图法则

　　构图是指拍摄者为了表现画面主题和艺术效果，通过调整无人机的拍摄角度和飞行高度使画面形成一个和谐的整体的手段和过程。简单来说，构图就是把所有元素合理安排在画面中以获得最佳布局的方法。利用人的视觉习惯，在画面中按照点、线、面分布的方式或者明暗、色彩对比的方式，合理安排出主体和陪体之间的关系。

　　构图的主要目的是突出主体，增强画面的艺术效果和感染力，向观众传达作者的情绪和思想。你的航拍作品越能清晰、简练地表达主体，观众越容易理解作品的含义，也会对你的作品越感兴趣。

　　在航拍摄影中，有以下几种常见的构图方法：主体构图、三分线构图、垂直构图、对角线构图、弯曲线条构图和几何形状构图。下面我们就来详细介绍这几种常用构图法的表现形式和拍摄方法。

7.4.1 突出主体，强化主题

　　当作品中元素过多时，杂乱的元素和多种并列的主体都会给观众带来混乱感，一时间不知道重点在哪里，这时我们就需要对画面进行构图和规划。构图就像是一把好用的"裁剪刀"，裁掉不必要的多余元素，留下最主要的核心主体。通常在照片中的图像元素越少，主体就越突出。所以我们在构图时，第一个需要注意的就是图像元素的选取：多关注主体元素，删除其他不重要的元素。

　　如下图所示，将画面中的杂乱元素进行了取景规整，并且镜头垂直于地面进行拍摄，使整体画面相较于之前更简洁明了。

通过调整构图角度将多余的画面元素删除，画面更加简洁

7.4.2 摄影构图，前景决胜

当我们对画面中的多种元素进行布局时，元素在平面和立体空间内的位置都很重要。由于照片是二维平面的，而非真正的三维立体空间，但是我们能够通过合理安排画面的前景、中景、后景去营造纵深感，让平面的照片看起来更加立体生动，带给观者一种观看立体空间的感觉。

前景可以是对画面的主体和陪体有着很好的修饰和强化作用的任何景物，并可以丰富照片的内容和层次感。在很多场景中，都可以运用前景构图。比如右图所示的画面中，蜿蜒的河流作为前景出现，这种夸大的前景会让画面中的前景与远景有一种距离感，从而让画面变得更有深度，更有立体感和空间感。从这个角度来看，前景的选择是很有学问的。

近处的河流和草原是前景，位于画面中间的山脉是中景，远处的天空是背景

7.4.3 对称构图，呈现和谐之美

对称构图是指将画面分为左右对称或上下对称的两部分的构图方法，能够表现空间的宽阔之感。对称构图是最常见、也最不容易出错的构图方法。

左右对称构图

上下对称构图

7.4.4 必须掌握的经典：黄金分割构图

黄金分割是一个数学概念，它指的是一种比例关系，即，将一条线段分成两部分，使得较长部分与整个线段的比值等于较短部分与较长部分的比值。这个比例大约是等于0.618:1。这个特殊的比例被认为具有美学上的吸引力和协调感。

黄金分割的起源可以追溯到古代，最早可以追溯到公元前5世纪的希腊。古希腊哲学家毕达哥拉斯和他的学派对黄金分割进行了广泛的研究和应用，并在建筑、艺术和自然界中寻找黄金分割的存在。

除了希腊，黄金分割的理念在其他文化例如古埃及和中世纪欧洲中也有类似的应用。这种比例关系出现在建筑物、绘画、音乐、自然界中的形态等等之中。

总的来说，起源于古代的观察和研究的黄金分割，一直以来都在艺术与设计领域中发挥着重要的作用，并被认为是一种美学上的理想比例。

在摄影领域，将重要景物放在黄金构图点上，景物会显得醒目和突出，并且协调自然。

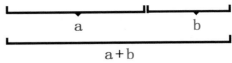

b:a=0.618:1；a. (a+b) =0.618:1

作为主体的木船接近位于黄金构图点上，显得比较醒目，并且让画面显得比较协调

从位置示意图也可以看到，木船接近位于左右及上下的黄金构图点上

7.4.5　三分线构图：黄金分割的延伸

三分线构图，也被称为黄金分割构图的简化版（从上一小节我们可以看出，黄金分割的线条其实与三分线条相近），具有与黄金分割画面相似的效果，都会给观众以舒适稳定的观看体验。

让主体位于三分线的交叉点上，会让主体醒目且画面协调。

此外，三分线构图还有另外两种表现形式，分别为横向三分线构图和纵向三分线构图。例如下图就是采用了横向三分线构图法拍摄的，将天空、山川和草原进行了等分构图，每个元素在画面中的占比几乎相同，给人以舒适的观感。

横向三分线构图

纵向三分线构图

上图则是采用了纵向三分线构图，将整个海岸风光完整地展现了出来，同时画面又非常简洁、干净。

7.4.6 对角线构图：呈现动感与活力

对角线构图是指拍摄主体位于画面的斜对角线上，从左上角到右下角或是从右上角到左下角布局均可。对角线会使画面显得更加生动有活力，倾斜的角度也能为正面增加整体的动态感和张力。可以用到对角线构图的场景很多，例如跨过河流湖泊的桥梁、笔直的公路、海岸线等。

对角线构图1

对角线构图2

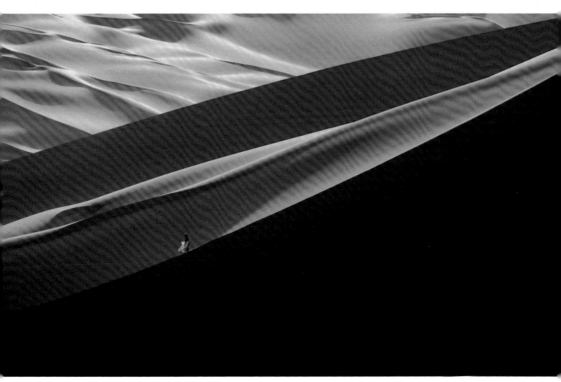

对角线构图3

对角线构图还能衍生出一种X形构图，即两条对角线上都被主体元素填满，常被用于拍摄公路的交叉口等场景。

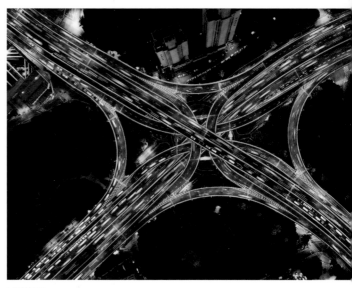

X形构图

居中式构图1

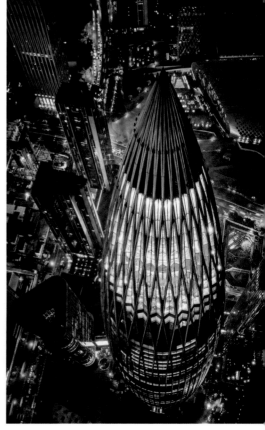

居中式构图2

7.4.7　居中式构图：强化视觉冲击力

居中式构图是指使主体位于画面的中心位置，将观者的视线直接引向位于中心的主体，并起到聚焦的作用。

7.4.8　曲线构图：引导视线或营造特殊氛围

弯曲的线条更富有感官上的美感。我们可以看到笔挺的树木，但因为有绿叶相衬才会使其轮廓更富生机，若是一根孤零零的树干矗立在地面，想必更多的是一种凄凉感而不是美感。笔直向前的马路总会给人以单调的观感，但如果是蜿蜒曲折的道路，再加上航拍的视角，会迸发出更加自然、唯美的效果，多变的线条走向也会引导观众视线在画面里"自由地漫步"。

曲线构图1

曲线构图2

7.4.9 几何构图：借助视觉习惯构图

几何形状构图是指取景画面中有固定轮廓形状的几何图形。我们知道不同的几何形状会有不同的表现含义，例如我们常见的圆形或椭圆形看起来能给人一种完整且稳定的观感效果。当一个大的圆形出现在画面中时，可以迅速吸引观者的注意力。

三角形则兼备动态和稳定的观感，这取决于三角形的不同形态。等边三角形看起来更均衡，而等腰三角形能带来更强的动感。需要注意的是，如果三角形的三边长度都不相等，画面就会失去稳定性，所以在取景的时候要多加留心观察。

椭圆形构图

三角形构图

矩形给人稳定静态的感觉，但有时在画面中会显得较为呆板，因此有时不妨试一下菱形，会让画面更加地跃动。

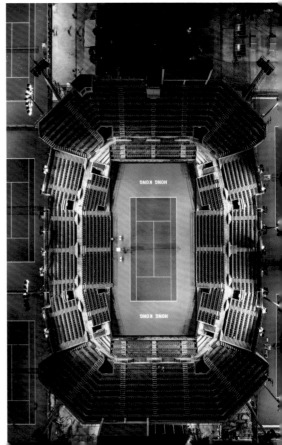

矩形构图

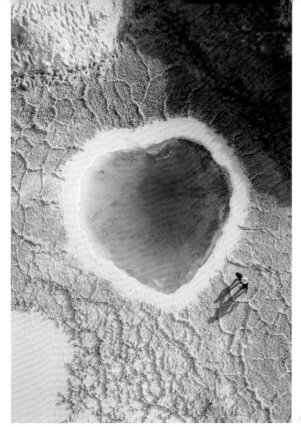

生活中许多元素并不是按照固定的形状来呈现的，不规则图形在航拍摄影中也具有极强的视觉冲击力和画面内容想象力。

心形构图

圆形构图

7.4.10　重复构图：营造欢乐的情感与韵律之美

重复构图是指画面元素重复排列的构图法，利用大自然和人类生活中的重复现象，从中产生快意和秩序感。自然界中固有的和人工造成的重复很多，如永不休止拍岸的海浪、建筑中重复的门窗、层层梯田等。

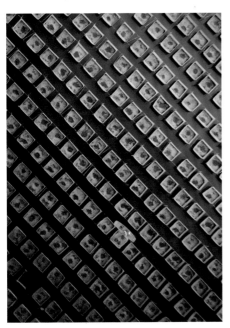

重复构图1

重复构图2

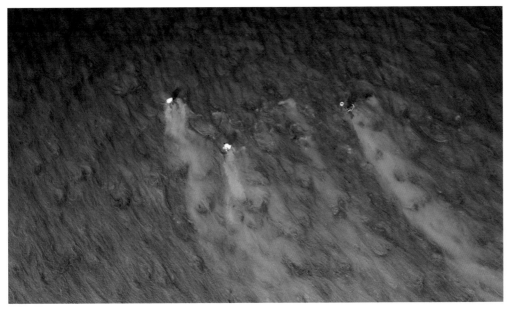

重复构图3

第8章

无人机飞行与智能航拍实战

本章将介绍无人机首飞，以及飞行中拍摄模式、录像模式、智能飞行的全流程操作，并通过非常具体的知识点，帮助用户掌握无人机飞行与拍摄的全方位技巧。

8.1　无人机安全首飞的操作

8.1.1　大疆无人机起飞操作

到达飞行位置后，打开飞行器与遥控器，两者建立连接，遥控器提示可以起飞后，用户就可以通过执行摇杆动作启动电机。将两个摇杆同时向内侧掰动，即可启动电机，此时螺旋桨开始旋转。电机起转后，请马上松开摇杆。将左摇杆缓慢向上推动，无人机即可成功起飞。

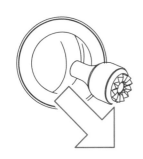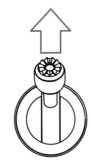

两个摇杆同时向内侧掰动　　　　　　　　　　　　　　　　　　　左摇杆缓慢向上推动

返航点刷新非常重要

这里一定要注意，飞行器向上起飞后，不要马上离开起飞位置，要等到"返航点已刷新，请留意返航点位置"的提醒后才可以正式开始飞行，否则飞行器返航时无法找到起飞位置，飞丢的可能性非常大。并且这种飞丢是属于人为操作不当所造成的。

控制器提醒"返航点已刷新，请留意返航点位置"，　　　飞行时，要注意右上角的信号强度，信号弱时请升高
并且会有语音提示　　　　　　　　　　　　　　　　　　　飞行器高度，或尽快返航

8.1.2　无人机的安全降落

飞行结束要返航时，一是可以通过控制摇杆使飞行器返回到起飞位置的上方，然后用左摇杆下压的方式降低飞行器高度进行降落。另外一种方式就是使用自动返航功能，直接在控制界面左侧点击"返航"图标，此时会弹出返航或降落的提醒，然后长按右侧的"返航"图标，飞机即开始返航。

如果设定返航后飞行器继续升高，这是因为当前的飞行高度尚未达到返航高度，所以飞行器会先上升到返航高度，以避免在返航途中撞到障碍物。

当然，如果飞行器所处位置就在起飞点附近，那么设定返航后，飞行器就不会升高到返航高度，而是直接在所处高度回到起飞点。

返航操作界面

飞行器先上升到设定的150m（之前设定）返航高度，之后才会平飞返航

TIPS
在返航途中，用户随时可以点击左侧的"点击取消返航"来取消返航。

8.1.3 返航：低电量返航、失控返航

当智能飞行电池电量过低、没有足够的电量返航时，应尽快降落无人机，否则电量耗尽时无人机将会直接坠落，导致无人机损坏或者引发其他危险。为防止因电池电量不足而出现不必要的危险，DJI无人机将会根据飞行的位置信息，智能地判断当前电量是否充足。若当前电量仅足够完成返航过程，App将提示是否需要执行返航。

低电量自动返航提醒，这种情况下建议直接点击"确认"同意返航

若当前电量仅足够实现降落，无人机将强制下降，不可取消。下降过程中可通过遥控器（无线信号正常时）控制无人机。

"失控返航"：无人机可在飞行过程中对飞行环境进行实时地图构建,并记录飞行轨迹。当GPS信号良好、指南针工作正常且无人机成功记录返航点后，当无线信号中断2s或以上，飞控系统将接管无人机控制权并参考原飞行路径规划路线，控制无人机飞回最近记录的返航点。

8.2 拍照模式的选择

随着无人机自动化性能的提升和消费群体的需求导向转变，许多无人机公司在研发航拍无人机的时候会设定一些常规的飞行动作和全新的拍摄模式，以达到原本只能通过复杂的手动操作才能实现的画面效果。除了常用的单拍模式外，还可以选择探索模式、AEB连拍模式、连拍模式等，给枯燥的航拍飞行增添了很多乐趣。下面就来详细介绍大疆无人机的几种拍摄模式。

在DJI FLY App的飞行界面中，点击"胶片" 图标，选择"拍照"，可以切换五种不同的拍照模式，包括单拍模式、探索模式、AEB连拍、连拍模式和定时模式。

8.2.1 单拍，突出主体

单拍模式很容易理解，即，调整好构图及相机的参数后，点击快门开始拍摄，相机就会拍摄一张照片。

点击"胶片"图标

选择"拍照"，可以切换不同的拍照模式，上图中案例选中的单拍，也就是我们一般设定拍照的模式，点击拍摄按钮，利用单拍模式拍摄单张照片

8.2.2 探索，不同焦段下拍摄

DJI 无人机"探索模式"的功能是比较强大的。如DJI Mavic 3系列无人机可以利用光学+数码混合变焦实现最高28x的超长焦视野。使用这一模式，既可以帮用户拍清极远处的对象，也可以协助用户寻找拍摄目标、观察环境，还可以让特殊用户进行空中救援搜索。

需要说明的是，DJI Mini系列无人机可能没有探索模式，而另外一些没有多个镜头的Mavic及Air系列无人机则不具备光学变焦的能力，只能通过纯数码变焦实现长焦视野。

搭载三枚镜头的DJI Mavic 3 Pro的探索模式最为强大，因为在中焦和长焦段，所拍摄到的照片画质会更清晰。

下面来看DJI Mavic 3 Pro的探索模式在不同焦段下的细节表现力。

选择探索模式，可以看到界面上已经出现了提示

在1倍焦距下可以拍摄到广角画面，画质清晰、锐利

3倍焦距下视角变小，画质有所下降

7倍变焦下的画面效果。这也是不开启探索模式所能实现的最高放大倍率

8.2.3 AEB连拍，包围曝光拍摄

开启探索模式后，28倍变焦下的画面效果

AEB连拍又称包围曝光模式，适用于拍摄光线复杂的场景，如草莓音乐节、城市灯光秀、大型庆典活动现场等，这些场景通常有复杂的舞美灯光设计。

在AEB连拍模式下，按下快门后无人机会自动拍摄3张（或5张，根据具体设定）等差曝光量的照片（曝光不足、正常曝光、曝光过度）。这3张照片分别完整保存了被摄物体的亮部、中间部分以及暗部的画面细节。然后，无人机会从中挑选多个曝光合适的部分进行合成，最终得到一张画面明暗适中的照片。

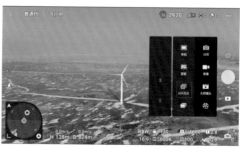

AEB连拍模式的设置

8.2.4　连拍，提高出片效率

　　使用连拍模式时可以选择连拍照片的数量，例如3张、5张、7张等。连拍模式适合在风速较大时或者夜间拍摄时使用，能有效提高出片率。

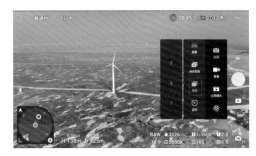

连拍模式设置

8.2.5　定时，自拍或间隔拍摄

　　使用定时模式可以设定无人机的拍摄倒计时时间，可设置为5s、7s、10s、15s，最高到60s的时间。

定时拍摄模式设置界面1

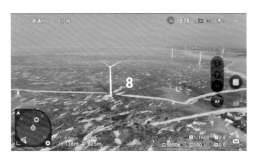

定时拍摄模式设置界面2

8.3　不同录像模式的选择

　　在DJI FLY App的飞行界面中，点击"胶片" □ 图标，选择"录像"，之后可以看到，有普通、夜景、探索，以及慢动作等多种不同的模式。

录像模式选择界面，可选择的多种录像模式

设定普通模式，开始拍摄后可以看到在拍摄按钮下方有了计时的信息

选择不同的录像模式，所拍摄出的画面效果也会有差别，并且在不同模式下，无人机的可用功能也会有区别，用户可以自行尝试。

8.4 训练无人机基础飞行动作

8.4.1 上升、悬停与下降飞行实战

上升、悬停与下降是学习无人机操作的第一步，只有掌握了这3个最基础的飞行动作，才能进一步提高飞行技术。笔者建议用户通过简单的基础训练熟悉操作手感。

升起无人机后，轻轻推动左侧摇杆，无人机将进行上升动作。当无人机上升到一定高度时就能松开摇杆，使其自动回正稳定。这时无人机的飞行高度、角度都不会发生变化，处于悬停状态。此时如果有漂亮的美景出现，可以按下遥控器上的拍照按钮，记录下这一时刻。

在无人机上升过程中，新手一定要切记不要让无人机离开自己的视线范围，且最大飞行高度不超过125m。当无人机飞至高空时，开始训练下降无人机。将左侧的摇杆缓慢向下推，无人机开始下降动作。下降时要保证速度稳定，否则可能会出现重心不稳导致偏移等问题。

无人机上升飞行

无人机下降飞行

8.4.2 左移、右移飞行实战

左移右移是无人机飞行最简单的手法之一。将无人机上升到一定高度之后，调整好镜头视角，向左或向右轻推右侧摇杆，即可完成左移或右移的操作。在此过程中，用户可以按下视频录制按钮，拍摄出来的运镜叫做侧飞镜头。

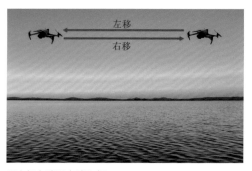

无人机左移和右移飞行

8.4.3 直线飞行实战

直线飞行也是无人机飞行操作中最为基础的一种。将无人机上升到一定高度之后，调整好镜头的视角，然后向上轻推右侧摇杆，即可完成无人机的向前飞行操作。

如果用户想拍摄慢慢后退的镜头，可以让无人机缓慢地向后退行。此时会有连续不断的全景展现在观众眼前。后退的操作很简单，用户只需要向下轻推右摇杆，无人机即可完成后退飞行的动作。

前进与倒退飞行

8.4.4 环绕飞行实战

环绕飞行就是无人机沿一个指定热点环绕飞行，高度、速度、半径在环绕时不变。此过程可以最大限度地展现主体，形成360°的观景效果，十分震撼。

下面介绍无人机手动环绕飞行的操作手法。首先要将无人机升至一定的高度，相机镜头朝向被绕主体，平视拍摄对象。然后右手向左轻推右摇杆，无人机将向左侧飞，同时左手向右轻推左摇杆，使无人机向右旋转，两手同时向内侧打杆。在这样的操作下，无人机将围绕目标做顺时针环绕动作。如果想让无人机进行逆时针环绕的话，只需要两手同时向外侧轻轻打杆即可。

环绕飞行

8.4.5 旋转飞行实战

旋转飞行也称作原地转圈或360°旋转，指的是无人机飞到高空后，可以进行360°的自转，此时利用俯拍镜头可以拍摄旋转的"上帝"视角的画面。无人机旋转飞行的操作手法其实很简单，如果用户想要无人机逆时针自转的话，只需要向左轻推左摇杆；如果想要顺时针的话，只需要向右轻推左摇杆。

自身旋转飞行

8.4.6 穿越飞行实战

穿越飞行的难度是非常高的，笔者建议新手不要轻易尝试，如果对自己的技术有充足的把握才可以学习。许多无人机高手在穿越飞行过程中不幸炸机，这是很常见的，因为在穿越过程中视线会受到一定程度的影响，且飞行速度很快，来不及反应就会撞墙，但是穿越飞行会拍出来非常惊喜的效果。例如穿越一个洞穴进行拍摄，当冲出洞口时就会有一种豁然开朗的感觉，让观众眼前一亮。

下图所示为无人机穿越洞穴的路线图。当无人机穿过洞口再向上飞行就会展现出完整的海岸线景象，视觉冲击力会很强，但是撞到墙壁的概率也很高。所以穿越飞行是一种高风险高回报的手法。

穿越洞穴飞行

8.4.7 螺旋上升实战

螺旋上升是前面讲的原地转圈的升级版，也就是在原地转圈的基础上加上上升的动作，二者结合起来就是螺旋上升动作。这样拍摄的话，目标主体会越来越小，更好地交代了拍摄背景与环境，画面空间感很强。具体操作手法为：云台朝下，左手向上轻推左摇杆的同时，右手缓慢向左或向右推动右摇杆，组合打杆。此时无人机将执行螺旋上升的操作。

螺旋上升飞行

8.4.8 画8字飞行实战

画8字飞行是前面讲过的手动环绕飞行的加强版本，也是飞行手法中难度比较高的一种。笔者建议用户在前面的基础飞行动作练熟之后再来尝试，因为画8字需要用户对于摇杆的使用很熟练，左摇杆需要控制无人机的航向，右摇杆需要控制无人机的飞行方向，左右手要完美配合才能达成。

首先需要顺时针画一个圆圈，具体手法为：右手向左轻推右摇杆，无人机将向左侧侧飞，同时左手向右轻推左摇杆，使无人机向右旋转，两手此时同时向内侧打杆，此时无人机将顺时针做画圈运动。顺时针画圈完成后，马上转换方向，通过向左或向右控制左摇杆，以逆时针的方向飞另一个圆圈，即可完成一个完美的8字轨迹。此飞行动作需要用户反复练习多次才能做好，做好此动作也侧面说明用户对于摇杆的使用已是如鱼得水，可以顺畅地飞行无人机了。

画8字飞行轨迹

第9章
大疆的大师镜头
与一键短片

本章讲解大疆无人机的大师镜头和一键短片功能的原理，以及具体的使用方法。

9.1 大师镜头：多种运镜的组合应用

大疆无人机中大师镜头功能，实际上是一种无人机自动执行并合成多种运镜方式的视频拍摄方式。通过组合多种运镜方式，最终得到流畅、动感和丝滑的视频效果。

使用大师镜头功能，无人机会提醒你框选需要拍摄的目标，一般是以人物或某个固定物作为被摄对象。选定目标后，系统会提示你"预计拍摄时长2分钟"，无人机会根据机内预设自动飞行，执行包括渐远模式、远景环绕、抬头前飞、近景环绕、中景环绕、冲天、扣拍前飞、扣拍旋转、平拍下降、扣拍下降在内的十个飞行动作，最后自动返航至起降点。

TIPS

要注意，不同机型的大师镜头的构成可能会有较大差别，例如新的Mavic 3 Pro无人机的大师镜头与前代的Mavic 3就不同。

选择"大师镜头"模式

框选目标后，点击"Start"开始拍摄大师镜头

TIPS

使用大师镜头功能拍摄时要选择开阔空旷的场地，避免飞机在自动飞行中碰到障碍物。

9.2 一键拍出高质量的运镜短片

一键短片功能和大师镜头一样，都是大疆进行了算法升级后的产物。选择此功能后，无人机也会根据系统预设的飞行轨迹自动飞行并拍摄素材，然后将视频素材剪辑成片，十分适合不会剪辑的新手和懒人使用。

一键短片的部分功能与大师镜头功能有所重叠。大师镜头功能是按照预设进行拍摄素材并自动拼接整合，而一键短片功能则是把各个飞行动作拆分成了多个小动作，包括渐远、冲天、环绕和螺旋等模式，每个小动作都会有短则几s长则几十s的飞行，但都是只执行单个动作。你可以根据拍摄场景和需求构思和执行自己想要的飞行动作，从而拍出令自己满意的短片画面。下面分别介绍这6种模式的不同之处。

9.2.1 渐远：斜向拉镜头的应用

一键短片中的渐远模式与后面要介绍的冲天模式，实际上都是拉镜头的运镜方式，通过拉远飞行器与被摄目标的距离，扩大拍摄的视角，从而真实地向观众交代主体物所处的环境及其与环境的关系。

使用渐远模式与冲天模式时，要特别注意提前观察大环境的信息，并预判镜头结束时的视角，避免最终视角下的效果不够理想。

渐远模式下，无人机会面向你选择的被摄目标，一边后退一边上升。

选择"渐远"模式

选择"渐远"模式后，屏幕上会出现多个由系统自动搜寻到的目标，直接点击绿色标记可以将其作为目标

大部分情况下，我们可以手动框选画面中的拍摄目标，目标处会出现一个绿色方框。屏幕下方可以选择飞行距离，无人机会围绕拍摄目标执行飞行动作。

设置完成后，点击"Start"按钮即可开始渐远模式的执行。飞行前仍需注意飞行路径中是否存在障碍物，避免危险发生。

手动选择拍摄目标，设置飞行距离

9.2.2 冲天：竖向拉镜头的应用

冲天模式下，无人机会俯视拍摄目标并快速上升。

"冲天"模式设定界面

同样地，依旧是先框选目标，选定目标后在屏幕下方调整飞行高度。

接下来检查确认无人机上空没有障碍物，确认无误后，点击"Start"按钮，开始执行冲天模式飞行。

选定拍摄目标

9.2.3 环绕：转镜头的应用

环绕模式实际上是一种转镜头的运镜方式。

环绕模式下，无人机会保持当前高度，环绕目标一圈飞行。使用环绕模式可以自行调节云台俯仰角度，以拍摄出符合你需要的画面效果。

选择"环绕"模式

环绕模式下的警示信息

9.2.4 螺旋：转、升与拉镜头应用

螺旋模式实际上是转镜头、升镜头与拉镜头这三种运动镜头组合的模式。

螺旋模式下拍摄时，无人机会绕着目标转动（转镜头），同时爬升高度（升镜头），并且还会后退（拉镜头），最终环绕目标一周。

执行螺旋模式的时候可以设置旋转的最大半径，一定要在确保无人机安全的情况下进行合理的设置。

设定"螺旋"模式

设置最大半径

9.2.5 彗星：转、拉与推镜头应用

"彗星"模式实际上是转镜头、拉镜头、推镜头这三种运镜组合的模式。

"彗星"模式与其他一键短片模式的目标选择操作基本相同，所不同的是启动后飞行器的飞行轨迹，这就会让拍摄的画面效果不同。具体来说，确定拍摄目标后，飞机会绕着目标飞行（转镜头），同时逐渐飞远（拉镜头），到最远点后再逐渐飞近（推镜头），形成一段椭圆的飞行轨迹。

设定"彗星"模式

9.2.6 小行星：360° 全景创作的视频演示

"小行星"模式实际上是记录360° 全景拍摄过程，并呈现360° 全景效果的模式。它并非是一种运镜方式，而是用动画方式记录和展示360° 全景效果的过程。

设定后，飞行器会调整拍摄距离和拍摄角度，进行360° 全景接片，最终生成一种仿佛是小行星的画面效果，最终会生成一段由单一视角照片变为小行星效果的短视频。

设定"小行星"模式

第10章
无人机延时视频
实战

延时摄影，又叫缩时摄影、缩时录影，英文名是Time-lapse photography。延时摄影模式下，无人机拍摄的是一组照片，后期将照片串联合成为视频，实现把几分钟、几小时甚至是几天的过程压缩在一个较短的时间内，以视频的方式播放，呈现出平时用肉眼无法察觉的变化。

10.1 航拍延时的拍摄要点和准备工作

10.1.1 航拍延时拍摄要点

航拍延时不同于地面延时,由于拍摄地在高空,没有三脚架的辅助稳定,加上气流的影响,无人机时刻都在调整位置,同时云台相机也有或多或少的偏移,这些最终可能都会导致拍到的延时短片出现抖动的问题。

为了简化后期去抖动的流程,笔者总结了几条航拍延时的拍摄经验。

① 拍摄时要距离拍摄主体足够远,利用广角镜头的优势可以使抖动变得不那么明显。

② 尽量挑选无风或微风天气拍摄,在拍摄前可以查看天气预报,防止无人机飞入高空后剧烈抖动影响出片。

③ 飞行速度要慢,一是为了使无人机飞行平稳,二是为了视频播放速度合适。可以使用三脚架模式拍摄,增强画面稳定性。

④ 航拍自由延时,先让无人机在空中不动悬停5s,等待无人机机身稳定后再进行拍摄。

⑤ 航拍夜景延时尽量选择蓝调时刻,同时快门速度控制在1s左右最佳,这样可以最大程度地避免糊片。

10.1.2 航拍延时准备工作

航拍延时需要消耗大量的时间成本,比如充电时间、拍摄时间、后期时间等,有时候需要准备好久才有可能创作出一段视频。如果不想做无用功,就需要提前做好充足的准备,以提高出片效率。下面介绍航拍延时的提前准备工作。

① 确定好拍摄对象。以建筑物为例,仔细观察需要拍摄的建筑物,寻找建筑物的特性。建议选用立体关系明确,透视效果强的建筑物作为主体,这样在之后的移动拍摄时视觉效果会更好。

② 使用减光镜拍摄。拍摄白天有云的题材时,可以考虑装上ND镜以增加曝光时间,这样视频会有动态模糊的效果,抓住观众眼球。

③ 保证对焦万无一失。航拍夜景延时,如果自动对焦不理想,可先使用手动对焦模式,开启峰值对焦功能,保证焦点准确,之后锁定对焦功能,防止拍摄过程中焦点偏移。

④ 设置好拍摄参数。笔者建议新手在拍摄夜景延时时,使用A挡(光圈优先)拍摄,曝光补偿适当提高一点,这样可以抑制画面中的暗部噪点。熟练的拍摄者可以使用M挡(手动模式)拍摄,这样可以在拍摄过程中手动调整参数以保证曝光正常。

10.2 四种航拍延时模式

DJI的航拍延时共有4种模式，分别是自由延时、环绕延时、定向延时以及轨迹延时。选择相应的模式后，无人机会在设定的时间内拍摄设定数量的照片，并生成延时视频。

10.2.1 自由延时：可静可动的延时

在"自由延时"模式下，用户可以手动控制无人机的飞行方向、高度和云台相机的俯仰角度。下面介绍拍摄自由延时的操作方法。

① 在DJI FLY App的飞行界面中，进入拍摄功能选择界面，先选择"延时摄影"，可以看到后面的4种延时摄影模式。

② 进入"延时摄影"模式，点击选择上方的"自由延时"，此时屏幕中会弹出自由延时模式的相关介绍。

"延时摄影"功能开启界面

点击"自由延时"功能，可以看到自由延时的提示及设定选项

③ 点击右侧的"拍摄"按钮，可以看到飞行器开始拍摄自由延时视频。

④ 如果要延长"自由延时"的时长，点击右侧的+1s，那么拍摄张数会增加25张。换个说法，即飞行器每拍摄25张照片，会增加1s的延时视频时长。

飞行器已经开始了"自由延时"的拍摄，下方会显示拍摄时长等信息

增加1s延时时长，拍摄张数增加25张，拍摄时长增加50s

⑤照片拍摄完成后，系统即可合成视频。视频合成完毕后，即可完成一个完整的自由延时拍摄流程。

10.2.2 环绕延时，环绕目标转动的大范围延时

在"环绕延时"模式下，无人机将依靠其强大的算法功能，根据拍摄者框选的拍摄目标自动计算出环绕中心点和环绕半径，然后根据拍摄者的选择进行顺时针或逆时针的环绕延时拍摄。在选择拍摄主体时，应选择一个显眼且规则的目标，并且保证其周围环境空旷，没有遮挡，这样才能保证追踪成功。下面介绍拍摄环绕延时的操作方法。

① 进入"延时摄影"模式，点击下方"环绕延时"。此时屏幕中会弹出环绕延时模式的相关介绍。

② 进入"环绕延时"拍摄界面，此时用手指拖拽框住环绕目标，在下方设置拍摄间隔、视频时长、速度及飞行方向等信息。设置完成后点击右侧的"拍摄"按钮，飞行器即可开始拍摄。

环绕延时模式的相关介绍

框选环绕目标并设置拍摄参数

③ 此时无人机将自动计算环绕半径，随后开始拍摄。在拍摄过程中进行打杆操作将退出延时拍摄。

④ 照片拍摄完成后，界面下方提示用户正在合成视频。视频合成完毕后，即可完成一个完整的环绕延时拍摄流程。

正在进行环绕延时拍摄

10.2.3 定向延时，沿特定方向的大范围延时

与自由延时不同，定向延时模式下，飞行器将沿着拍摄方向前进，并持续拍摄延时。实际上，设定"定向延时"模式后，遥控器界面上就会出现提醒"无论机头朝向如何，飞机将按设置好的方向飞

行拍摄，并合成延时视频"。

当然，在开始拍摄时，要注意提前锁定航向。

设定"定向延时"模式

将航向锁定，然后开始拍摄即可

可以看到拍摄方向即定向延时的方向

10.2.4　轨迹延时，沿特定轨迹的大范围延时

在"轨迹延时"模式下，拍摄者可以在地图中选择多个目标路径点。拍摄者需要提前预飞一遍，在到达预定位置后记录下无人机的高度、朝向和云台相机角度。全部路径点设置好之后，可以选择正序或倒序进行轨迹延时拍摄。下面介绍拍摄轨迹延时的操作方法。

① 进入"延时摄影"模式，点击下方"轨迹延时"。此时屏幕中会弹出轨迹延时模式的相关介绍。

② 点击底部的"请设置取景点"，在底部会出现多个定位点，此时点击取景点中间的"+"即可添加取景画面。

轨迹延时模式的选择及相关介绍

点击"请设置取景点"

③ 我们要添加多个定位点，飞行器会自行将这些定位点连接成线路轨迹。开始拍摄后，飞行器会按照连接生成的线路轨迹前进，并持续进行延时拍摄。

确定第一个定位点后，系统会提示调整镜头朝向和取景角度

确定第二个定位点

本段延时我们共添加了4个定位点

④ 完成最后一个定位点的定位后，可点击右下角的"…"按钮进入设置界面，在其中可设置拍摄顺序、拍摄间隔和视频时长等内容。

点击不同项目即可进行设置

设置视频时长为7s，然后点击"√"按钮退出设置

⑤ 点击右侧的拍摄按钮，开始拍摄轨迹延时。但要注意，当前飞行器是在最后一个取景点位置，由于我们设定的是"正序"拍摄，所以点击拍摄按钮后，飞行器会回到第一个取景点位置，调整好角度后才开始拍摄。

飞行器正在飞回起始位置，准备拍摄

第11章

视频创作的三种
高级技巧

　　本章将介绍三种比较特殊的视频拍摄技巧，分别是焦点跟随、航点飞行和希区柯克变焦。其中，前两种是借助于无人机自带的功能进行拍摄，而希区柯克变焦则是一种比较特殊的运镜方式。

　　需要注意的是，大疆部分机型如Mini 3 Pro及前代机型等不支持航点飞行功能；而焦点跟随和希区柯克变焦效果，当前的大部分机型都能实现。

11.1 焦点跟随，拍出电影大片感

使用焦点跟随拍摄，可以得到视角始终跟随目标移动的效果。通过合理控制画面的取景，用户可以拍出类似于电影大片的即视感。

焦点跟随的操作是比较简单的，在正常的取景界面，用户只要手指划动框选跟随目标，系统就会弹出框选区域以及相应的操作界面。

需要注意的是，焦点跟随的目标一般为人物、动物或车辆，并且飞行器的高度不宜太高，否则系统可能无法识别所选择的跟随目标，或跟随过程中容易丢失目标。

框选跟随目标后，在跟随拍摄设定界面中有跟随、聚焦和环绕这几种选项，下面分别进行介绍。

11.1.1 跟随：跟随目标对象飞行

一般来说，焦点跟随功能多用于拍摄视频，所以先将拍摄模式设定为摄像。

要使用焦点跟随功能，初始操作非常简单。进入飞行界面以后，手指在要跟随的目标上点住滑动，选中要跟随的目标。

如果我们选中的是人物、车辆等对象，系统会自动进行识别。下方出现跟随、聚焦或是环绕的选项，默认选中的是聚焦。

手指勾选目标

系统识别目标并弹出选项

由于我们想使用跟随功能，所以选择左侧的跟随。选择跟随之后，会弹出一个带有字母标记的圆环，字母F代表飞行器在跟随目标的前方飞行跟随，L代表飞行器在左侧飞行跟随，R代表飞行器在右侧飞行跟随，B代表飞行器在后方飞行跟随。

选择在哪个方向跟随

比如说我们选择在后方，也就是选择B进行跟随。选中之后，界面下方出现一个车型的标记，在车的后方有一个黄色三角标，表示在后方跟随。这时单击左侧的Go按钮，飞行器就会开始对其进行跟随。

点击GO开始跟随

这时我们可以点击右侧的拍摄按钮，那么飞行器会在跟随的同时进行拍摄。

由于之前飞行器在汽车的侧后方，那么开始跟随之后，飞行器会逐渐移动到所跟随目标的后方进行跟随拍摄。

飞行器开始跟随，并开始拍摄

飞行器移动到目标后方

如果之前我们设定的是L，那么开始跟随后，飞行器会逐渐飞到目标的左侧进行跟随拍摄。并且在界面下方车辆标记的左侧有一个黄色的三角标，表示我们是在左侧进行跟随。

在前方跟随或右侧跟随原理相同，我们就不再赘述了。

设定飞行器在目标左侧跟随

开始跟随后飞行器会飞到目标左侧

11.1.2 聚焦：聚焦目标对象，进行视角跟随

下面我们讲解聚焦这种功能的使用方法。相对于跟随拍摄，聚焦拍摄的过程更为简单。勾选并识别目标之后，选择聚焦，那么飞行器会停留在原地，只是不断地移动云台，也就是调整镜头视角，以聚焦在所选目标上，整个过程类似于行注目礼。

聚焦这种模式，不像之前所介绍的跟随拍摄那样视角与飞行器都在运动来跟随目标。

选择聚焦　　　　　　　　　　　　　　　　镜头开始聚焦目标

11.1.3 环绕：环绕目标对象飞行

环绕这种功能是指飞行器会绕着我们设定的目标进行环绕飞行，并且保持与所确定的目标基本相同的距离。这样，我们最终拍摄的视频就是转镜头的效果。

确定跟随目标之后，选择环绕，可以看到在界面上目标后出现了向左或向右环绕的弧线箭头。我们可以选择向左环绕，也可以选择向右环绕。选择之后，飞行器开始按照我们所选择的方向飞行，这时开始拍摄就可以了。

要停止时，只要按下方的Stop按钮即可。

设定环绕方向

设定向右侧环绕，并开始拍摄　　　　　　飞行器逐渐向右侧环绕飞行并持续拍摄

11.2 航点飞行拍摄，转瞬间的时光流转

一般来说，使用无人机拍摄视频，时间都不会特别长，所以在整段视频内的光影变化是很小的。但借助于航点飞行功能，却可以在极短的时间里，让拍摄的视频实现由白天转黑夜等神奇光影变化和时光流转效果。

下面我们来看航点飞行功能的使用方法。

11.2.1 设定航点，拍摄视频并记录航线

点击画面左侧的航点飞行标记，开启航点飞行功能，此时界面下方打开航点飞行设置界面。

点击下方的带加号的航点按钮，增加一个航点画面，当前的取景画面会被设为第一个航点。

进入航点飞行初始界面

添加航点

之后，控制飞行器飞行到合适位置后继续点击加号按钮，增加第二个航点。用同样的方法增加多个航点。

一般来说，第一个航点是飞行器开始录制视频的位置；最后一个航点是结束录像的位置。设定好多个航点之后，单击第一个航点。

此时会进入航点设置界面，在其中点击相机动作，滑动下方的动作列表，在其中选择开始录像。也就是我们在航点1位置开始录像。

添加多个航点

为第一个航点设定动作（一般为开始录像）

点击左侧的返回按钮，返回上一个界面，选择最后一个航点，进入航点设置界面之后，将该航点的动作设为结束录像，然后返回。

点击"下一步"按钮。

为最后一个航点设定动作

点击"下一步"按钮

进入下一个设置界面，在其中将全局速度设到最高。设定好飞行速度后，点击"GO"按钮。

这样，飞行器会回到航点1的位置，沿着我们设定的航点路线，开始飞行并录像。飞行完毕之后，系统会自动上传我们设定的航点路线。

设定飞行速度并点击GO按钮

将航线上传至系统

路线上传完毕并录像完毕之后，我们可以点击左侧的航点飞行按钮，在打开的界面中选择"保存并退出"，退出航点飞行功能。

保存航线并退出航点飞行

11.2.2　重新使用已记录的航线飞行，并拍摄视频

过一段时间，比如说天黑时，或是整个环境光线有了较大变化时，我们可以再次开启航点飞行功能。

在打开的航点飞行界面左侧点击文档形状的按钮。

展开历史任务界面，在其中点击我们上传的航点路线。

进入航点飞行

并选择之前上传的航线记录

此时会再次载入该航点路线。直接点击"下一步"按钮。

进入下一个设置界面，正常来说下一个界面是不需要调整的，我们完全按照之前的航点路线设定再次执行任务就可以，所以点击"GO"按钮。

点击"下一步"按钮

点击"GO"按钮

飞行器会再次执行我们之前设定的航点任务，同时录像。

飞行器重新执行之前的航线并拍摄

执行之前的航线并录像完毕之后，飞行器会自动返航，这时我们可以点击取消返航，或是任由飞行器返航就可以了。

最终我们会得到路线、视角完全相同，但是是在两个时间段分别飞行的两段视频。在剪映等软件中我们可以将两段视频进行叠加就能得到有光影变化的视频画面。具体的后期制作过程可参见后续章节。

飞行完毕后飞行器会自动返航

11.3 希区柯克变焦效果

希区柯克效果是一种独特的拍摄手法，以其特殊的视觉效果而著名。它最早由电影大师阿尔弗雷德·希区柯克在电影《迷魂记》中创造性地运用，从而成为电影历史上的经典镜头之一。

这种效果是通过在拍摄过程中不断改变焦距，同时让摄像机前进或后退，以营造出一种画面透视变化的冲击力和震撼感。这种效果不仅让观众感受到强烈的视觉冲击，还能营造出一种紧张、不安的氛围，让观众身临其境地感受到电影情节的紧张和刺激。

焦距较短时，画面的视角较大，并具有强烈的透视性；焦距开始变长后，画面视角变小，透视感变弱。如果我们在焦距变长时，让无人机向后退，这时，如果因为无人机后退带来的视角变大的效果正好抵消了焦距变长的视角变小效果，画面的视角基本上就会没有变化，但是焦距的变化却导致画面的透视感和纵深感发生了较大变化，由此便创作出了希区柯克效果。

当然，我们也可以让焦距由长焦向广角变化，而无人机同时由远向近处飞行，也可以制作出希区柯克效果。

下面介绍具体的拍摄方法，这里我们采用焦距由广角向长焦过渡的方式拍摄。

（1）确定拍摄画面，最好是选中场景中某个明显的景物作为主体。如果云台水平，那么可以直接拍摄；如果云台有一定倾斜角度，要设定跟随拍摄中的"聚焦"模式，确保画面恰当地聚焦在主体上，这样画面中背景的透视和纵深变化会更明显。

（2）设定录像模式，然后开始拍摄。

（3）转动变焦拨轮，让焦距由广角向长焦变化；同时，向下（后）推动方向控制杆，让拍摄距离变远。

需要注意的是，我们要设定为探索模式，确保可以使用飞行器的28倍变焦功能。

本例中，我们以远处的风电装置为目标进行希区柯克变焦。

确定构图画面后开始拍摄，接下来转动遥控器右侧的右上方的波轮进行变焦操作，与此同时右手拇指向下拨动控制杆，这样可以确保飞行器向后方飞行，逐渐远离目标。

设定录像功能，设定探索模式并确定目标

转动拨轮会拉长焦距，这可将主体对象拉近，但是飞行器飞远又会远离目标，这样就会产生两者相抵消的效果，营造出希区柯克变焦的画面。

可以看到随着变焦以及距离的改变，画面的透视发生了很大变化，但是画面的视角并没有太多的变化，这便是希区柯克变焦效果。

变焦至1.4X（1.4倍焦距）时的画面

变焦至1.7X（1.7倍焦距）时的画面

变焦至2.3X（2.3倍焦距）时的画面

变焦至2.9X（2.9倍焦距）时的画面

大部分情况下，转动拨轮变焦带来的画面视角变化会非常明显，但如果无人机飞行速度不够快，这样就容易导致希区柯克的效果不理想。我们可以将无人机改为S（运动）模式，在该模式下无人机的飞行速度更快，以此来协调飞行速度与变焦效果不匹配的问题。

不过，如果设定运动模式，无人机的避障功能就会失效，所以应当找一处开阔、平整的场景，否则无人机特别容易炸机。

第12章
城市风光航拍技巧

　　城市风光是一种非常常见的航拍题材。城市建设一直是社会发展的重要组成部分，城市建筑也从过去千篇一律的样貌加入了许多设计灵感，变得更具艺术性。这些美丽的建筑与自然融为一体，相互呼应，展现了人类与自然的和谐发展之美。航拍的城市图像，可以让更多人看到世界上那些美丽的"角落"。

12.1 城市风光航拍基础

　　想要在繁华的城市中捕捉到令人惊叹的航拍画面，掌握一些必要的技巧是必需的。从天朗气清的黎明，到灯火辉煌的黄昏，城市里的每一刻都有无数故事在上演。接下来，就让我们深入探索城市风光航拍的基本技巧，让你在拍摄时游刃有余。

12.1.1 择天而飞

　　在进行城市风光航拍时，要选择一个阳光明媚、云淡风轻的日子。这样的天气不仅可以确保画面的清晰度，而且会让画面看起来更加生动和立体。另外，清晨和傍晚的光线常常能营造出浪漫而神秘的氛围，是摄影爱好者的首选时段。

航拍城市早晚的光影与色彩

12.1.2 熟悉城市的脉搏

　　不同的城市有不同的韵味。在航拍前，一定要先了解城市的地形地貌、建筑风格和历史文化。这不仅能帮助你避免"迷路"，还可以帮助你找到那些最具代表性的地标和景色。与此同时，避开高楼大厦密集的区域和潜在的禁飞区也是航拍成功的关键。

以地标建筑为主体进行构图拍摄

12.1.3　飞行中的高低与快慢变化

在航拍过程中，适当地调整飞行高度和速度，可以为画面带来意想不到的效果。低空飞行可以捕捉到更多细节，而高空视角则能展现出城市的壮丽与辽阔。

如果是拍摄视频，速度的调整同样重要。慢速飞行可以更好地捕捉城市的节奏和气息，而快速飞行则能创造出动感十足的画面。

低视角航拍城市中有表现力的对象

高视角航拍城市全貌

12.1.4 捕捉构图之美

　　构图是摄影艺术的关键。在航拍中，合理运用黄金分割点、对称、对角线等构图法则，能使画面更加引人入胜。并且，尝试不同的拍摄角度，如俯拍、仰拍、旋转拍摄等，可以让画面更加丰富多样。

富有表现力的框景构图

借助城市的雾气让画面变得干净，并借助黄金分割构图让画面结构更协调

12.1.5　守规矩，飞得更远

遵守相关法律法规和规章制度是每个航拍师的责任。在城市中飞行时，要特别注意禁飞区的划定，避免因违规操作而引起不必要的麻烦。同时，了解并遵守当地的飞行规定也是确保飞行安全的重要一环。

12.1.6　提升作品表现力的技巧

除了基本的飞行技巧外，掌握一些拍摄技巧能让你的作品更上一层楼。例如，利用无人机的高度优势进行俯拍，可以展现出城市的壮丽景色；穿越桥梁、楼宇间进行穿梭拍摄，则能展现出城市的立体感和动态美；而在高空中进行越前景飞行，则能让前景和背景形成强烈的对比，增加画面的层次感。

低视角寻找有表现力的前景，让画面更具表现力

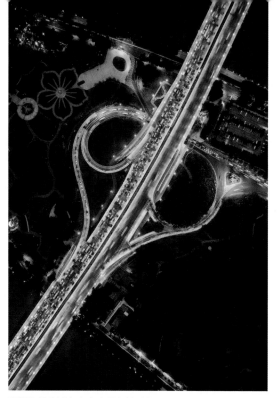

高视角航拍城市中有表现力的对象

特色建筑与现代化楼宇形成古今的对比

12.2　城市风光航拍的题材

城市风光航拍的题材多样且充满魅力。通过无人机航拍，我们可以从不同的角度和构图方式来展现城市的壮丽景色、文化历史、交通状况、夜景魅力，以及生态环境等。

这些拍摄题材不仅能让人们更深入地了解和欣赏到城市的美丽和魅力，同时也呼吁人们更加关注和保护城市的环境和生态资源。在未来的城市风光航拍中，我们期待着更多的摄影师能够运用自己的技术、发挥自己的创意，创作出更多优秀的城市风光航拍作品，为人们带来更加美好的视觉享受。

12.2.1　城市全景

城市的全景拍摄展现出城市的宏大规模和建筑布局。无人机从高空俯瞰，将整个城市尽收眼底，展现出城市的壮丽景色。例如，拍摄穿城而过的江河的两岸，不仅展现出城市的繁华和现代化，更展现出大都市的宏伟气势。这种全景式的拍摄方式可以让人们感受到城市的整体美感和空间感。

航拍江河两岸的城市之美

航拍广州城市全景

低视角、接片表现的天津城市全景画面

12.2.2 城市的地标性建筑

　　每个城市都有其标志性的建筑，代表着城市的文化和历史。通过无人机航拍，这些地标建筑能够呈现出独特的视觉效果，让人们从全新的角度欣赏到建筑的壮丽和独特之处。例如，北京的故宫、纽约的自由女神像等，都是城市地标性建筑的代表。通过航拍能够让人们更加深入地感受到这些建筑的独特魅力和历史意义。

巴塞罗那的圣家族大教堂

12.2.3 城市街道与交通

通过无人机拍摄城市的交通状况，能展现出城市的道路网络和交通的繁忙景象。无论是拍摄城市的公路、铁路还是机场，都能够呈现出城市的活力和现代化进程。例如，拍摄上海市的早晚高峰时段，展现出城市的交通拥堵状况和人们忙碌的生活节奏。这种拍摄题材能让人们更加深入地了解城市的生活面貌。

形如"8"字的城市立交桥 　　　　　采用对角线构图拍摄的轨道交通线

12.2.4　城市夜景

　　夜晚的城市在灯光的映衬下变得更加美丽和迷人。无人机航拍能够捕捉到夜幕下城市的独特魅力，展现出城市的繁华和活力。例如，拍摄上海的外滩夜景，通过灯光和建筑的相互映衬，展现出城市的美丽和迷人之处。这种夜景航拍不仅展现了城市的现代化进程，也展现出城市的人文情怀和独特魅力。

螺旋状的城市立交桥

城市高架桥夜景

航拍天津城市夜景

12.2.5 城市的自然生态

　　通过无人机拍摄城市的自然生态和野生动物，展现出城市的自然之美和生态多样性。这种拍摄题材不仅关注城市的环境保护和生态建设，也呼吁人们更加珍惜和保护自然资源。例如，拍摄城市公园的湖泊和绿植，展现出城市的生态环境和生机勃勃的自然景象；拍摄野生动物在城市中的栖息和繁衍，展现出城市与自然和谐共生的美好画面。

体育场周边的秋色

绿树成荫的青岛城市风光

12.2.6 特色场馆与体育活动

城市中，各种特色十足的展览馆、足球
场、篮球场等也是航拍的绝佳题材。很多场馆
或场地都有明艳的色彩和独特的形状或线条，在
城市建筑中独树一帜，尤其是在空中视角下更是
亮眼。

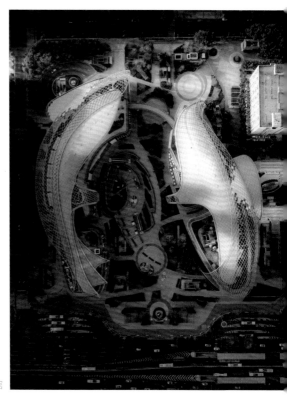

双鱼造型的城市场馆

俯拍城市的足球场，光影表现力十足

划船比赛现场

游泳比赛现场

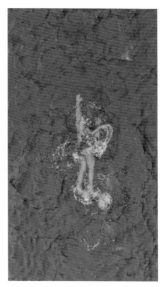
游泳比赛特写

　　上面列举的这些运动项目都适合对场馆场地进行拍摄，近距离拍摄会存在禁止飞行或画面构图不够好看等问题。此外还有一些户外的体育项目是比较适合用无人机航拍的，比如船类比赛和游泳比赛一是因为这些比赛项目的拍摄环境相对开阔，没有禁飞限制，二是因为无人机在拍摄时不易对运动员的发挥造成影响。虽然这在严格意义上并不属于城市风光，但是可以作为体育场馆的细分题材来安排。

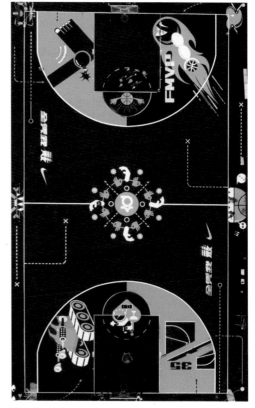
俯拍篮球馆内景

12.3 特定天气的航拍技巧

在某些特定的天气下，我们可以拍摄特殊效果的照片。比如在城市上空出现平流雾时，我们操控无人机飞越平流雾层，就可以拍摄出"城市云海"的特殊景象。

平流雾笼罩下的城市

平流雾笼罩下的上海夜景

12.4 特殊图形的航拍技巧

图形拍摄是无人机航拍中较为常见的一种拍摄方法，通过空中视角来对目标主体进行拍摄，能看到完全不同的建筑图形，使得那些从地面上看起来很平常的房屋呈现为空中俯瞰时的另一种景象。例如，巴塞罗那的建筑就是如此，当你将无人机升至空中去俯瞰整个城市的时候，展现在你面前的是一个个整齐排列的规则矩形。

类似的矩形图案还有很多，例如，停满汽车的停车场或集装箱码头，使用无人机在空中进行垂直俯拍，也能拍出很有冲击力的图形画面。

航拍矩形建筑群

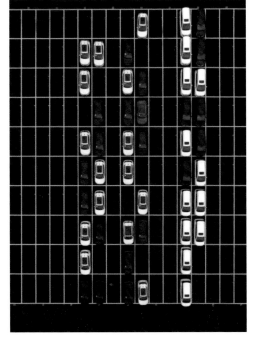

空中视角下停车场呈现出矩形图案

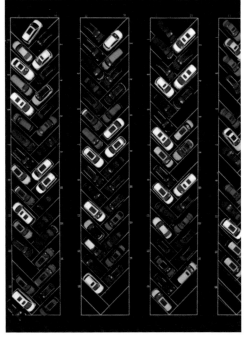

停车场的秩序感

　　我们在空中除了可以看到矩形形状的物体以外，还可以去寻找其他类型的图案，比如三角形、多边形、圆形等规则图形，又比如星星形状、凤凰形状、树叶形状、花瓣形状等不规则的图形，抑或是多种图形的结合。多去尝试不同的拍摄角度，你会发现更多的构图乐趣。

被线条划分的城市居民区

俯拍建筑物楼顶的造型

上海的现代化楼宇造型

第13章

自然风光航拍技巧

　　自然风光是很多航拍爱好者最喜欢的拍摄题材。以空中视角俯瞰地球，将镜头聚焦最具代表性的风景，使用无人机进行多层次影像呈现，立体化展示这颗美丽星球上的地形地貌、气候环境及自然生态，让观众以一个全新的角度看到美不胜收的自然景观和丰富多彩的生态环境。

13.1 自然风光航拍入门技巧

航拍自然风光是一项令人惊叹的摄影技术，它能够捕捉到地面上无法看到的壮丽景色。下面我们将详细探讨航拍自然风光的主要技巧，帮助你更好地捕捉大自然的美丽。

13.1.1 合理选择大疆4个系列的无人机

选择适合自己的无人机是非常重要的一个环节。当然，从某种意义上来说，无人机肯定是越贵功能越多越好，但如果昂贵的无人机是建立在牺牲便携性和经济性的基础上的话，可能并不是很适合你。

在选择无人机时，你需要考虑拍摄需求、预算，以及无人机的性能和稳定性。对于初学者来说，可以选择易于操作和稳定的无人机，如大疆的Mini系列、Air系列都是不错的选择；如果你是专业的自然风光摄影/摄像师，那么Mavic系列则是更好的选择，不过该系列产品的体积更大、重量更重，价格也更高。对于专业从事航拍类工作的用户，那么Inspire系列可能才能满足要求。

便携的Mini系列

用Mini系列无人机拍摄的画面，画质依然优秀

蜿蜒的河流与远山

13.1.2 选择合适的时间与地点

　　选择合适的时间和地点也是航拍自然风光的重要技巧。日出和日落时的金黄色光线能为你的照片增添色彩，使画面更加生动。同时，选择具有独特自然风光的地点也很重要。例如，你可以选择山川、湖泊、海滩等自然景观进行拍摄，这些地方能够为你的照片增添壮观和美丽的色彩。

富有表现力的高原公路

13.1.3 掌握熟练的摄影技术，积累丰富经验

　　掌握熟练的摄影技术和丰富的实拍经验，有助于用户拍出更好的摄影或视频作品。具体来说，要求用户在拍摄之前能够掌握曝光、白平衡、对焦等概念和技术，能够合理设置ISO、光圈和快门速度。另外，为了获得更清晰的照片，你可以设置较高的分辨率和画质，以得到更理想的风光摄影画面。

降低曝光值拍到剪影画面，表现树木与人物的造型

13.1.4　了解天气与气流状况

拍摄风光题材的作品时，关注天气和气流状况也是非常重要的。在拍摄前，你需要了解天气和气流情况，以选择合适的拍摄时机。风力较小、天气晴朗的日子能够为你的拍摄提供更好的条件。并且，应避免在乱流和强风区域进行航拍，以确保飞行的稳定性和安全性。

雨后无风的天气，是拍摄云海等景象非常好的时机

云雾消散时分，捕捉到穿过云层的霞光与雪山交相辉映的美景

13.1.5 构图与色彩的控制

　　创意构图和角度是航拍自然风光的另一个关键技巧。尝试不同的拍摄角度，如俯拍、斜拍、低角度拍摄等，可以获得独特的视觉效果。此外，利用前景元素、线条和色彩来引导观众的视线，可以使照片更具层次感和立体感。通过创意构图和色彩的运用，你将能够打造出令人惊叹的航拍作品。

采用对角线构图拍摄的农田　　　　　　　　　　借助冷暖色对比拍摄的高山场景

13.1.6　无后期，不风光

后期处理是航拍自然风光中不可或缺的一环。通过后期处理，你可以对照片进行色彩调整、对比度和锐度的增强等操作。此外，恰当的滤镜有助于突出自然风光的美丽。通过精细的后期处理，你将能够完善照片的效果，提升作品的整体质量。

经过后期强化的河流入海口的树形结构

13.1.7　入乡随俗，遵纪守法

无论哪种题材的航拍，了解飞行法规都是非常重要的。在航拍之前，你需要了解当地的飞行法规和限制，以确保你的飞行活动合法。在一些国家和地区，你需要持有无人机驾照或者进行飞行申报才能进行航拍。因此，在出发前务必了解相关法规，以免造成不必要的麻烦。

13.2 自然风光航拍的题材

13.2.1 日出日落场景的航拍

日出日落是一天中最值得拍摄的时刻，此时太阳的光线柔和，能给整个环境蒙上一层美妙的色彩。这时拍摄出来的画面是最富表现力的，能让画面呈现出更多的细节及更丰富的影调层次。

在拍摄这类题材的时候，我们要考虑太阳高度及光照亮度会对画面产生的影响。在镜头正对光源的情况下，如果太阳距离地平线还有段距离或者亮度很高，拍出来的画面前景比较暗，甚至形成剪影效果。这时适合将前景作为陪体来衬托主体，只显示前景的轮廓形状而不突出细节，重点表现太阳和背景天空的状态。

海上日出

河流上的日落

侧光环境拍摄日落

如果想借助日出日落表现其他拍摄主体的细节，可以采用侧拍的方式，这样既保证了光线在拍摄主体上均匀分布而不会造成过亮和过暗的情况，也保证了日出日落主题的突出。例如上一页中下图画面中的落日景象，太阳位于镜头的侧面，镜头则对准画面的主体，也就是山谷中的村落，借助山谷中特有的薄雾拍摄出丁达尔效应，使画面产生一种柔美的感觉。还有一种方法就是选择在太阳刚要升起或刚刚落下的时候，对需要拍摄的主体进行航拍，利用这一时间段太阳柔和的光线营造氛围，从而使画面更有美感。

左右结构的构图

13.2.2 沙滩海滨场景的航拍

相信沙滩和海边是不少人向往的度假胜地，当我们在海边航拍时，可以拍到哪些有趣的画面呢？

首先，沙滩和海水的对比色一定是多数人航拍的第一选择，我们可以根据海岸线的形状和走势巧妙地构图，让画面既有美感又不显得呆板。

上下结构的构图

对角线构图

特定形状构图

沙滩上的人物倒影

有人物点缀的海滩

　　其次，我们还可以拍摄一些特定的主体元素。比如将人物作为主体进行拍摄，取景时将人物的倒影或在沙滩上留下的足迹纳入画面，再搭配沙滩和海浪，就能构成一幅完整的作品。抑或是让人物躺在沙滩上摆出各种造型作为海滩的点缀，也能拍摄到具有趣味性的画面。

　　我们还可以寻找沙滩上的遮阳伞、海边的棕榈树、海岛等固定景物，通过排列构图或黄金比例构图等方式进行取景拍摄。

　　如果只希望体现水中的景象，可以将游船或冲浪的人作为拍摄主体进行拍摄。

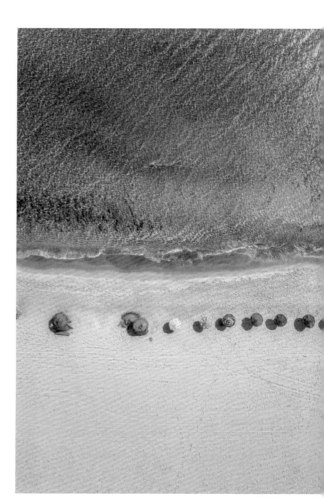

沙滩上的遮阳伞

表现力较强的海岛

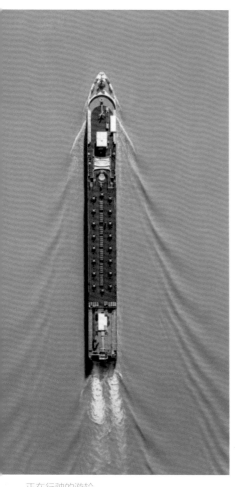

正在行驶的游轮

冲浪的人

13.2.3 山川瀑布场景的航拍

拍摄山脉或者瀑布题材的风景作品时，根据我们前面讲过的安全飞行规范和建议，要合理地控制无人机距离起降点的距离和高度，尽量保障无人机数图传信号不会断联，并且无人机所在的位置位于遥控器可控范围内。取景的时候，需要根据拍摄的题材进行构图设计，例如，我们要拍摄的是连绵起伏的山脉，则可以使用大景别进行构图取景，以体现山川的雄伟挺拔之感。

当我们拍摄具体某一座山峰的时候，则可以不断更换景别来进行取景。

拍摄有代表性的色彩区域时，建议要通过扩大景别、俯拍等构图手段，再配合以后期处理等手段来表现景物的色彩特征。

拍摄瀑布倾泻而下的场景时，需要注意瀑布周边的环境，选择合适的景别进行拍摄。如果是开阔的环境，则适合远景景别；如果周边环境杂乱，则需要使瀑布尽量多地突出在画面中，例如，采用中景景别拍摄，画面会显得主体鲜明突出。

采用远景拍摄山脉

利用山体与人的对比，表现出令人震撼的美感

七彩丹霞

采用中景景别拍摄瀑布

13.2.4 乡野梯田场景的航拍

在广袤的土地上，农田是田园景色的主旋律之一。使用无人机航拍这类景色时可以选择垂直俯拍或斜向下45°角的方式进行拍摄。垂直向下的角度适合拍摄纹理明显的农田，表现农田的律动感，或是具有明显边界感的梯田，突出梯田的层次感。

斜向下45°角适合交代较为宽阔的景象，例如我们若想要将农田和附近的村落拍摄在一起，就可以使用这样的斜角度拍摄。

垂直俯拍的农田

斜下45°拍摄的农田和村落

13.2.5　村落房屋场景的航拍

　　自然风光中有时候难免会存在一些村落和房屋，这些建筑已然成为了风景中的一部分，融入进了山川江河之中。

　　进行村落航拍的构图时有两种选择，第一种是选择大景别的环境进行拍摄，比如通过较低的高度拍摄村落和环境或者通过较高的高度向下俯拍。这样能体现整个村落大环境的拍摄方法，适合用于拍摄景色相对简单、无杂乱干扰因素的画面。

村落及环境拍摄

另一种方法则是选取某一个你认为好看的建筑或院落进行特写拍摄，这种手法适合用于拍摄整体环境中元素过多的场景，以避免画面过于杂乱。

村落及环境拍摄

单独拍摄某一建筑

13.3 航拍自然风光的高级技巧

13.3.1 选择具有表现力的视觉中心

在航拍自然风光时，选择具有表现力的视觉中心是非常重要的。以下是一些建议，希望能帮助你选择具有表现力的视觉中心。

1. 寻找独特的自然景观：自然风光中有很多独特的元素，如山脉、湖泊、河流、森林等。你可以选择其中最具特色的景观作为视觉中心，通过航拍将其呈现出来。

2. 利用地形特点：地形的高低起伏、山峰的形状、峡谷的深度等都可以成为视觉中心。你可以选择在合适的位置进行拍摄，以突出地形特点，让观众感受到大自然的壮丽和神秘。

3. 捕捉季节性变化：不同的季节，大自然会有不同的变化。你可以在不同的季节进行不同重点的航拍，以捕捉季节性变化的表现力。比如，春天的花朵、夏天的绿意、秋天的落叶和冬天的雪景等，都是非常有表现力的视觉中心。

4. 寻找光影效果：光影是摄影中非常重要的因素。你可以选择在日出或日落时进行航拍，利用柔和的光线和美丽的阴影来加强画面表现力。并且，你也可以利用云层的遮挡和光线的透射来营造出独特的光影效果。

将日照金山作为视觉中心，让整个画面变得灵动

金黄的树叶作为视觉中心，让画面洋溢着秋的气息

13.3.2 作品因为人、人的痕迹或动物而精彩

　　人、人的痕迹和动物是风光作品中不可或缺的元素，它们为作品增添了情感和生命力，使得风光作品更加精彩。

　　人及人类活动的痕迹，如耕种、建筑、雕刻等，为风光作品注入了人文气息。这些人文元素与自然景观相结合，形成了别具一格的画面。在风光作品中，人类的活动痕迹成为了不可忽视的亮点，为风光作品带来了深远的意义。

　　动物也是风光作品中常见的元素。动物的存在为画面增添了生机和活力。它们的活动，如飞翔、觅食、栖息等，为风光作品注入了动态美，身影和动作，使得画面更加生动和真实。

海滩上漫步的人

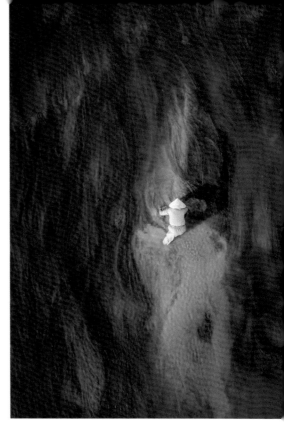

捞海草的渔民

水面上飞过的白鹭

大地沟壑的树形纹理

13.3.3 捕捉让作品升华的信息

捕捉让航拍的风光作品升华的信息，需要摄影师具备敏锐的观察力和深厚的技术功底。

1. 把握光影：光线是风光摄影的灵魂，不同的光线角度和强度可以营造出不同的氛围和情感。摄影师要善于运用自然光和环境光，通过合理的构图来突出光影效果，使作品更具艺术感染力。

2. 抓住色彩：色彩是风光作品的视觉冲击力所在。摄影师要善于观察和运用色彩，通过合理的色彩搭配和调整，使作品更具视觉冲击力和艺术感。

3. 运用对比：对比是让作品生动有趣的有效手段。摄影师可以通过对比不同的元素来营造冲突和张力，如明暗对比、色彩对比、大小对比等，使作品更具深度和层次感。

4. 寻找细节：细节是让作品细腻入微的要素。摄影师在拍摄时不仅要关注大场景，还要注意捕捉细节和局部特征，如纹理、形状、线条等，这些细节能够增强作品的视觉效果和表现力。

5. 创新构图：构图是风光作品的骨架。摄影师要勇于尝试不同的构图方式，如负空间、黄金分割、重复图案等，以打破传统框架，创造出独特的视觉效果和风格。

借助山岩自身的色彩，形成冷暖对比色的画面

13.3.4 对比让你的画面 更耐看

对比是摄影中一个重要的技巧，它可以让风光画面更加突出和引人注目。有对比就会产生冲突，冲突又是使画面具有故事性的重要方式，而有了故事性的风光画面，才会变得格外耐看和吸引人。通过以下所列举的对比构图方式，可以让你的风光照片更加出色。

1. 色彩对比：利用不同颜色之间的对比，可以让画面更加鲜明。例如，拍摄一片绿色的草原上的一朵红色的花朵，或者拍摄蓝色天空的一朵白色的云彩。

2. 明暗对比：通过调整曝光，让画面中的亮部和暗部形成鲜明的对比，可以创造出强烈的视觉冲击力。例如，在日出或日落时拍摄，利用暗淡的天空和明亮的太阳形成对比。

3. 大小对比：利用不同物体之间的尺寸对比，可以让画面更加生动。例如，在拍摄山脉时，将人物置于画面中，以强调山峰的高大和人物的渺小。

4. 形状对比：通过不同形状之间的对比，可以让画面更加有趣。例如，在拍摄一片森林时，将一棵形状独特的树置于画面中，以与其他树形成对比。

5. 线条对比：利用不同的线条方向和角度，可以让画面更加有动感和张力。例如，在拍摄河流时，使河水的流动方向与岸边的线条形成对比。

冷暖对比的山峰与远景

冷暖及明暗对比的高山夜景

13.3.5　要发现美，先要提升自己的眼界

要发现美，初学者需要先提升自己的眼界。眼界是指一个人看待事物的广度和深度，它决定了人们对世界的认知和理解。通过拓展自己的眼界，人们能够看到更多美好的事物，欣赏到更丰富的世界。

提升摄影创作的眼界的方法有很多种。对于大部分初学者来说，读图是一种很好的方式。通过大量欣赏优秀航拍摄影师的作品，初学者可以开阔视野，提升眼界。在提升眼界的过程中，初学者还能够培养出更敏锐的观察力和思考力，使得当初学者接触到更多的画面时，能更加善于发现事物的美好之处。

丰富的色彩层次，有油画般的美感　　　　　　　　　　　简单的人物与草地，画面十分耐看

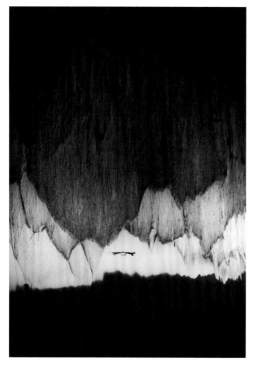

水墨画般的海滩

油画般的海滩

水面的冰雪被水浸润，如同一幅单色调的梅花国画

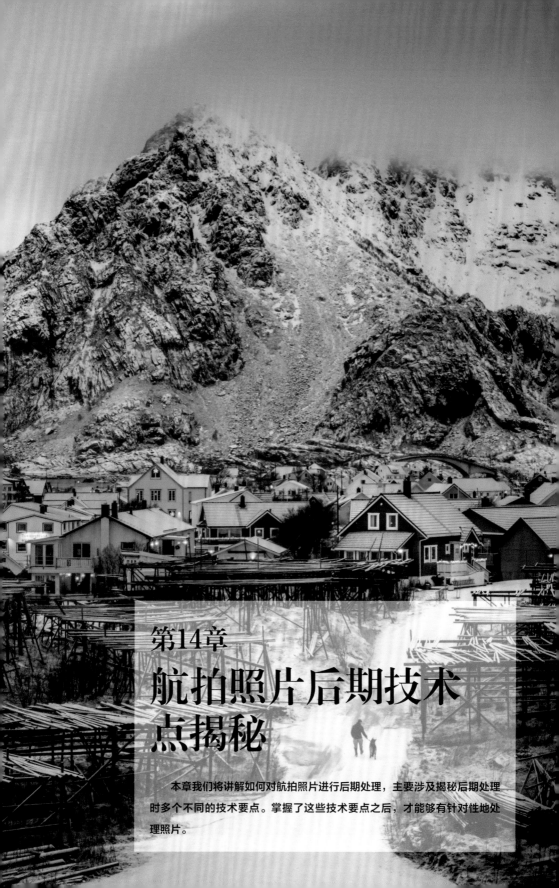

第14章
航拍照片后期技术
点揭秘

　　本章我们将讲解如何对航拍照片进行后期处理，主要涉及揭秘后期处理
时多个不同的技术要点。掌握了这些技术要点之后，才能够有针对性地处
理照片。

14.1 照片的一般后期思路与技巧

下面我们以右图所示这张图片的后期处理过程为例，来讲解航拍照片后期的技术要点。可以看到，原图灰蒙蒙的，并且不够协调；而经过后期处理，照片整体就比较理想了。

原图

效果图

14.1.1 构图分析与合理裁剪

当前我们已经打开了原图照片。首先要对照片进行分析，之后才能进入处理环节。由于拍摄的是RAW格式，所以将照片拖入Photoshop后，会自动在ACR中打开。

画面视觉中心在远处中间的这一片建筑上，前景右下角有一片马路显得比较碍眼，所以我们采用二次构图的方式将下边这片区域裁掉。在右侧的选项栏中单击"裁剪"选项，这样可以进入裁剪界面，鼠标单击点住裁剪的边线向内收缩，这样可以裁掉右下角我们不想要的区域，只保留我们想要的区域。确定裁剪范围之后，在保留区域内双击鼠标左键，就可以完成照片的裁剪，也就是二次构图。

这里要注意，要实现这种随心所欲的边线拖动，要在裁剪参数面板右侧取消限制纵横比这个选项，才能保证裁剪边线是可自由拖动的，否则任何裁剪操作都会保持原有的照片长宽比，对我们的二次构图产生影响。

此时我们再看当前的画面，主体比较突出，画面也比较简洁。

14.1.2 通透度与质感的优化

二次构图完成之后，接下来分析照片的影调层次。观察照片，我们会发现有一些轻雾，导致画面不够通透，这与我们之前所讲的照片要通透这一原则是相违背的。所以我们要对照片的通透度进行调整。

一般来说，如果画面中雾比较重，往往要切换到"效果"面板，在其中直接提高"去除薄雾"的值，就可以消除画面中的雾霾或轻雾。

在"效果"面板中，我们要注意这样三个参数：去除薄雾，清晰度和纹理。

"去除薄雾"消除的是照片中的雾气、雾霾，强化的是面与面之间的明暗和色彩反差。本例中强化的是天空平面、远处的草原平面、建筑物平面三者之间的明暗和色彩反差。

"清晰度"强化的是景物的边缘轮廓之间的明暗和色彩反差，具体强化的是建筑边缘线条，以及与远处的树林、农田等之间的反差。可以看到提高"清晰度"的值之后，画面的质感进一步增强，也就是更清晰更锐利了。

再来看"纹理"，它强化的是像素之间的反差。对于这张照片来说，放大可以看到清晰度还是比较高的，所以对于纹理的值，我们可以小幅度提高，也可以不进行调整。这里我们稍稍提高一些，可以看到纹理变得更清晰了。如果不希望进行这些调整，可以双击"纹理"参数滑块，就可以将"纹理"的值归零。

这样，我们就对画面的通透度和质感进行了强化。

　　在"效果"面板中，我们还应该注意"晕影"这个参数，它调整的是画面四周的暗角。对于这张照片来说，左下角、右下角亮度比较高，可以稍稍压暗一些。因此我们稍稍向左拖动"晕影"滑块，压一下四周。这是因为这张照片的主体对象位于画面中间，压暗四周有利于突出位于中间的景物。

以上是我们对通透度的优化。

14.1.3 确定画面主色调

现在观察照片，我们会发现当前的照片有一些偏蓝，但实际上拍摄时太阳已经靠近地平线，画面应该是有一些暖意的。所以我们要调整"色温"和"色调"的值，也就是校正白平衡，让画面的整体色调更准确一些。切换到"颜色"面板，在其中提高"色温"的值，稍稍提高"色调"的值，这样可以让画面的色彩基调更准确。

至于"自然饱和度"和"饱和度"的值，这里我们可以暂时不调整，因为后续随着我们对影调层次的优化，画面的色彩还可能会改变。

14.1.4 用"亮"参数对照片影调进行优化

确定照片的主色调之后，我们切换到"亮"面板，再次对画面的整体影调层次进行微调。

画面整体的反差还是有些低，因此可以稍稍提高"对比度"的值；天空中间亮度特别高，层次显得不是那么清晰，因此我们稍稍降低"高光"的值，可以看到，天空的层次被追回了；画面整体光照应该比较强烈，所以提高"曝光"值，让画面明媚一些。

对于暗部不够黑的问题，一般的解决方案是提高"阴影"值，降低"黑色"值，这样可以让暗部层次变合理。来试一下，可以看到画面的整体层次就比较理想了。

　　但实际上，根据个人的经验，我们也可以降低"阴影"的值，提高"黑色"的值，即，压暗照片的暗部的同时，又确保最黑的位置不会死黑，这样处理往往效果会更好一些。

　　因为按照一般的方式调整过后，可以看到左侧这片树林区域过于清晰，有些干扰视线；改用前述第二种方式，把"阴影"值大幅度降低，然后把"黑色"的值提起来，你会发现这片树林没有那么清晰了，并且整个暗部更干净。所以大家在进行后续照片处理时，可以尝试采取本案例我们所讲的这种方式。

这样，我们就对照片的影调层次、通透度、整体的色调等完成了初步调整。

14.1.5 用"混色器"与"校准"统一色调

接下来对照片的色调进行统一。远处农田有一些绿色，饱和度比较高；天空有一些蓝色，饱和度也比较高；它们都会干扰主体建筑的表现力，并且让画面的色彩显得比较杂，不够干净。

对于色调统一的调整，在ACR中最好用的工具是"混色器"。切换到"混色器"面板，打开"色相"子面板。先调"红色"，让红色向橙色的方向偏移，这样可以让建筑物房顶部分过于偏红的色彩向橙色的方向靠拢；之后向左拖动"橙"滑块，让那些偏黄的房顶向橙色的方向靠拢，这样房顶部分的色彩会更干净更统一；再将"黄色"滑块稍稍向左拖动，使建筑物部分更干净。

点住"混色器"面板右上角的"切换可见性"按钮，查看建筑物部分统一色调之前的色彩，可以看到之前色彩杂乱，之后松开"切换可见性"按钮，可以看到建筑物部分色彩更浓郁，而且更干净。

对于中景和天空的蓝色部分，我们也可以尝试调整下方的另外几种色彩，让这些区域的色彩更统一。将"浅绿色"滑块稍稍向蓝色方向拖动，避免浅绿色部分色彩不够沉稳；将"紫色"滑块向蓝色的方向拖动，让冷色调部分更纯净；对于"洋红色"，我们让它向红色的方向偏移。

　　之后我们切换到"饱和度"子面板，在其中降低蓝色的饱和度，降低浅绿色的饱和度，这样可以让远景部分的色彩没有那么重，不会与建筑的主色调产生冲突。

　　对于橙色、红色和黄色部分，我们可以稍稍提高它们的饱和度，让作为重点景物的建筑物部分色彩更浓郁一些。由于远处的农田中有一些绿色，所以降低绿色的饱和度。

　　切换到"明亮度"子面板，在其中提高橙色的明亮度，让建筑物的受光面显得更明亮；提高红色的明亮度，让房顶部分也亮起来。

　　这样，这张照片的色调就统一了。

　　为了更好地显示色彩效果，我们还可以切换到"校准"面板，在其中向左拖动"蓝原色"滑块，这样可以让暖色调部分变得更红一些。而冷色调会同时向青色的方向聚集，画面就会分离成红色和青色两种色调。之后，提高蓝原色的饱和度，让作为主体的建筑物部分色彩更浓郁。

14.1.6　用"色调曲线"优化照片中间调与暗部

此时，如果我们仔细观察，会发现照片从中间调到暗部，还是显得有些发灰，不够暗。这时我们可以切换到"曲线"面板，在其中点住左下角的锚点向上拖动，让最暗的部分开始变灰，也就是变得轻盈起来。此时画面会显得更灰，因此我们再在偏右一点的位置单击创建一个锚点向下拖动，压暗照片中间调到暗部的区域。但这样调整的后果就是整个的曲线都向下弯曲，因此我们再在靠右一点的位置单击创建一个锚点并向上拖动，让曲线的整体部分基本上处于默认位置。曲线经过这样的调整，画面的暗部被进一步压暗，反差进一步变高。

我们可以来看一下这条曲线起到的作用，单击并按住"切换可见性"按钮，显示出调整之前的效果，然后松开鼠标，显示出调整之后的效果，可以看到画面整体的暗部变得更干净一些。

14.1.7 锐化与降噪，优化照片画质

回到"亮"面板，对画面整体的影调参数进行微调，让画面整体性更好一些。

至此，照片的影调和色彩我们就都调整完了。放大照片，你就会发现，远处一些原本雾蒙蒙的区域出现了大量的噪点。针对这种情况，我们可以切换到"细节"面板，在其中调整"锐化"的值，锐化全图。但实际上，我们要强化的只是景物边缘轮廓和景物的纹理，天空等区域是没有必要锐化的，因为一旦锐化，反而让这些比较光滑的部分出现大量的噪点。因此我们可以按住键盘上的Alt键，向右拖动"蒙版"滑块，此时可以发现照片变为黑白状态，白色就是我们要进行绿化的区域，而黑色则不进行锐化。提高"蒙版"值，确保天空等光滑的部分不进行锐化，进行锐化的只是建筑物部分就可以了。

对于建筑物部分出现的那些噪点，我们可以提高"明亮度"的值，这样可以消除照片中的噪点，让画面显得更干净。

再次按住"切换可见性"按钮，查看锐化与降噪之前的画面；然后松开鼠标，显示调整之后的效果。我们会发现调整之后的效果已经比较理想。至此，照片调整完毕。

14.2　照片的高级调整技巧：局部调整

下面讲解航拍照片后期处理比较高级的一个知识点：如何通过局部的调整，让照片得到升华，有更好的表现力。

14.2.1　强化照片的光源部分

对于当前这张照片，我们之前已经进行了系统的影调和色调处理，还进行了锐化和降噪处理，如果你已经感觉比较满意，直接输出就可以了。如果你感觉还差一些艺术表现力，那么我们可以对这张照片继续进行调整。具体来说，是借助于ACR的蒙版工具，对画面进行局部调整，从而让照片有更好的艺术表现力。

对于这张照片，根据我们之前的分析，光源在左上角，但是画面中左上角天空的位置并没有表现出比较明亮且带有暖意的光照效果。

切换到"蒙版"面板，在其中先单击选择"径向渐变"。

在画面的左上角处点住鼠标左键并拖动，创建一个径向区域，用来模拟太阳光照的效果。我们可以将这个中心点拖到照片之外，然后点住边线进行旋转拖动，将这个光照区域拖得大一些。

确立光照区域之后，提高"曝光"值，此时的光线亮度就有了。但是还不够暖，因此我们稍稍提高"色温"值和"色调"值，让模拟出的太阳光线带有明显的暖意。

此时，照片整体看起来效果会更好一些。当然，这个光照区域的大小和位置，可以多调整几次，直至找到最合理的区域。

14.2.2　弱化远离光源的区域

建立太阳光照区域之后，我们再来看画面右上角和左下角，这两个区域亮度有些高，我们可以通过压暗这些区域，让太阳光照的效果显得更明显。

在打开的"创建新蒙版"的面板上方，单击"创建新蒙版"，在展开的菜单中选择"线性渐变"。

按住鼠标左键并由画面的右上角向左下方拖动，创建一个渐变区域，降低"曝光"值，压暗这片区域。

之前我们曾经讲过，对于一张照片来说，它暗部应该是偏冷的，因此我们可以在压暗的同时稍稍降低"色温"值，为这片压暗的区域渲染一定的冷色调。

之后，我们直接单击"蒙版2"下方的"添加"按钮，选择"线性渐变"。

　　按住鼠标左键并从照片的右下方向左上拖动，创建一个界面区域，让这片区域也得到压暗，并添加了冷色调。

　　如果感觉效果不够强烈，我们还可以在右侧的"参数"面板当中，继续降低"曝光"值和"色温"值。经过这样的调整，我们会发现画面的四周均被压暗，制作出的光照效果就更明显了。

调整好之后，单击"编辑"退出蒙版界面。

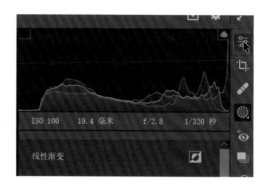

14.2.3 整体检查画面，去掉不协调的元素

此时天空的蓝色区域还是有些大，显得有些碍眼。因此我们再次选择"裁剪"工具，稍稍向下拖动上方的边线，裁掉上方部分天空。

这样，这张照片最终处理完成。

14.2.4 照片导出设定

导出照片时，直接单击右上角的"存储图像"按钮，在打开的菜单中，选择我们要存储的位置；之后，色彩空间一定要设定为sRGB；如果要调整照片的大小，还可以勾选"调整大小以适合"这个复选项，并且在右侧的下拉列表中选择"长边"，在下方的"长边"文本框中输入我们想要限定的长

边尺寸，短边会由软件自动进行限定。处理完毕之后，单击"存储"按钮，照片处理完成。

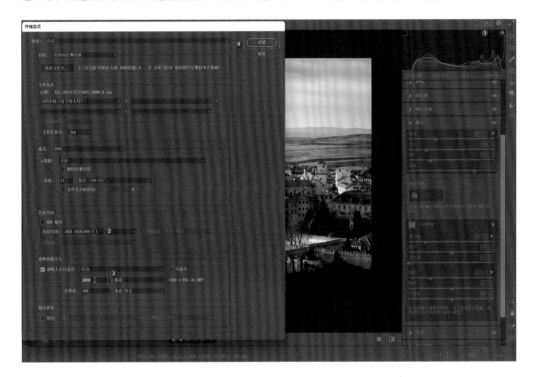

第15章
航拍全景手动拼接
与HDR合成

借助于大疆无人机，我们可以直接拍摄各种不同的全景效果，并且拍摄完成之后，系统会自动合成生成最终的全景。但这样操作的问题在于系统合成的全景效果无法保存为RAW格式文件，所以后期处理的空间比较小。因此可以考虑借助于ACR手动合成前期拍摄的素材，从而得到合成之后的RAW格式文件，以获得较大的后期处理空间。本章我们将以180°全景的后期合成为例，讲解在后期软件中，手动合成全景的全方位技巧。

要注意，手动合成360°全景时，是无法得到如系统所合成的360°小星球效果的，这种效果需要在软件中进行二次制作。所以针对360°小星球的效果，我们会单独讲解。本章最后，我们将介绍航拍照片的HDR合成技巧。

15.1 手动合成航拍180° 全景画面

首先，我们讲解手动合成180° 全景的技巧。当前，我们以缩略图的形式显示了拍摄180° 全景照片时所保存下来的21个RAW格式文件。

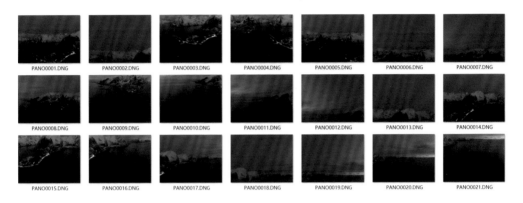

下面展示的是对这些素材进行全景拼接合成，并进行后期调色之后得到的画面效果。可以看到合成之后的宽幅画面呈现出令人震撼的自然风光效果。

下面来看具体的合成以及调色过程。

15.1.1 全景合成的设定技巧

在文件夹中，选中所有21张RAW格式素材图片，并将它们拖入Photoshop。由于这些素材均为RAW格式，因此会一并载入ACR。

在打开的ACR界面中，左侧为胶片窗格，右键点击某一素材的缩略图，在弹出的菜单中选择"全选"，以全选所有素材。

右键单击选择"合并到全景图",从而打开"全景合并预览"界面。在此界面中,右侧上方展示了"球面""圆柱"和"透视"三种合成方式。

我们选择"球面"和"圆柱"这两种合成方式的情况比较多,第三种合成方式使用较少,仅在两张素材具有较大重合区域时才适用,而大部分照片素材不满足此种合成条件。在此,我们选择球面合成方式,可见全景效果已生成,但画面四周出现空白区域。

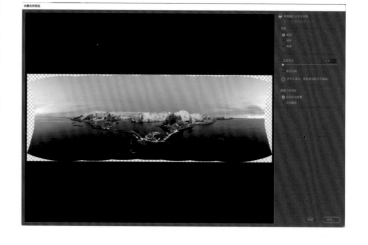

为消除这些空白区域,可在右侧面板下方勾选"自动裁剪",软件就会将四周空白区域裁掉。

此外，可将"边界变形"滑块拖至最右侧，即最大值位置，也可利用"画面像素扭曲"填充空白区域，避免裁剪过多正常像素区域。对于自然风光类照片，建议调整边界变形以填充四周空白像素。

之后，点击"合并"按钮。

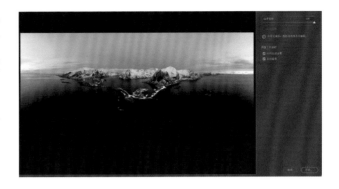

打开"合并结果"对话框，可以看到保存的文件扩展名为DNG（即RAW格式），以RAW格式保存合成效果，为后期调整预留充足空间。

最后点击"保存"按钮，可在左侧胶片窗格下方看到合成的DNG格式文件。

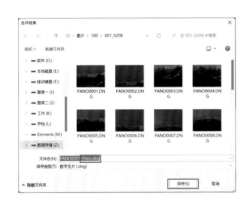

15.1.2 对合成后的全景图片进行全方位处理

在对合成后的RAW格式文件进行后期处理的过期中，我们发现画面中的重点景物主要集中在中间区域，而四周区域相对空旷。

为优化画面构图，我们选择进行裁剪。在"裁剪"界面，我们解锁了纵横比的锁形图标，以便以任意比例对画面进行裁剪。

接着，我们收缩裁剪边线，确定保留区域，并在保留区域内双击鼠标左键，完成裁剪，即二次构图。经过裁剪后，画面的构图结构更加协调和紧凑。

218

随后，我们准备对照片进行影调和调色处理。切换到"亮"面板，由于之前合成时勾选了自动影调调整选项，因此软件已对这部分参数进行过自动调整。

为提高画面的通透度，我们切换到"效果"面板，调整"去除薄雾"的值；并降低"晕影"值，为画面四周稍稍加一些暗角，压暗左右两侧比较亮的区域。

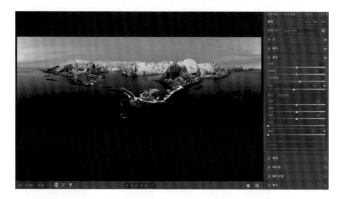

由于提高"去除薄雾"的值会导致画面出现局部色彩失真的问题，因此我们再次回到"亮"这组参数，微调各种不同的影调参数，让画面整体影调更协调。

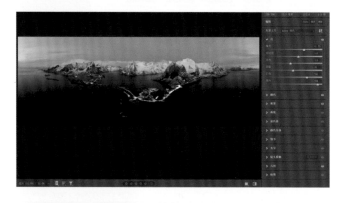

此时画面有一些偏青色，因此我们切换到"颜色"面板，在其中提高"色温"值和"色调"值，让画面的整体色彩更沉稳、更准确。

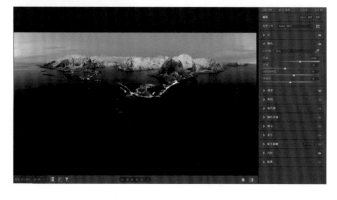

确定色彩基调之后，我们进入"混色器"面板，切换到"色相"子面板，在其中将"红色"滑块向橙色方向拖动，"橙色"滑块向更暖的方向拖动，"黄色"滑块也向更暖的方向拖动，这样可以让暖色调部分的色彩更干净。之后我们将"浅绿色"滑块向蓝色的方向拖动，让冷色调色彩更准确；对蓝色和紫色进行微调，让画面中偏紫的区域变得更蓝一些。这样我们就使画面的冷暖两部分色调基本上得到了统一。

切换到"饱和度"子面板，提高红色、橙色和黄色等暖色调的饱和度，稍稍降低蓝色的饱和度，避免蓝色过重，这样画面的色彩会更协调，显得更干净。

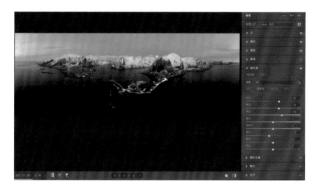

调整之后，近处灯光部分的黄色亮度比较高，因此切换到"明亮度"子面板，降低黄色的"明亮度"，避免地面灯光部分的亮度过高。这时我们会发现画面的色彩更干净了。

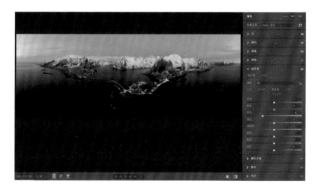

近处的水面亮度非常低，但是天空的亮度非常高，而我们要表现的重点对象是中间的山体以及灯光部分。所以选择"蒙版"，进入"蒙版"界面，选择"线性渐变"，按住鼠标左键并由天空上方向下拖动，创建一个渐变区域，降低"曝光"值，稍稍降低"色温"值（因为天空部分本身就是蓝色的）。

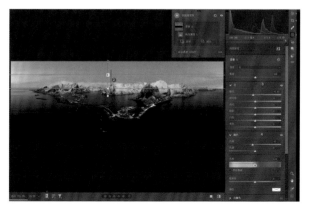

单击"蒙版"面板上方的"创建新蒙版",再次选择"线形渐变",按住鼠标左键并由画面下方向上拖动,创建一个界面区域,稍稍提高"曝光"值,提高"阴影"的值,提高"黑色"值,这样可以让近景处比较黑的暗部变得稍稍亮一些,恢复出更多的细节层次,使得画面的整体明暗显得更合理。

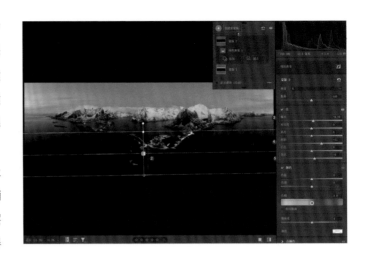

经过提亮暗部,压暗高光,并且统一色调的处理之后会发现,画面的色彩虽然很干净,但是通透度有所下降。因此我们切换到"曲线"面板,按住鼠标左键并向上拖动左下角的锚点,以避免暗部出现死黑的问题。而对于暗部变亮导致发灰的问题,我们可以在暗部区域单击创建一个锚点并向下拖动,以压按暗部,恢复暗部的层次。这样恢复之后,中间调及亮部也会被压暗,因此我们再在右侧单击创建一个锚点并向上拖动,从而恢复中间调及亮部的层次。这样我们就得到了整体比较通透,影调比较合理的画面效果。

至此照片的影调与色彩都调整完毕。在输出照片之前,切换到"细节"面板,提高"锐化"的值,然后提高"蒙版"的值,使得限定为只锐化景物的边缘,对于大片的水面及天空等平面区域则不进行锐化。

由于拍摄时天色已经比较晚，而后期处理时对画面整体进行了提亮，这必然会导致画面中产生一些噪点，因此我们稍稍提高"明亮度"的值进行降噪。

画面两侧还是有一些区域过于空旷，因此我们再次选择"裁剪"，进入"裁剪"界面，微调构图，主要是再将画面裁掉一点，让画面的构图更紧凑。

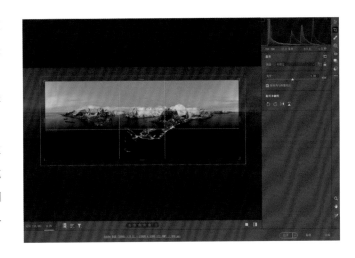

完成裁剪之后，单击ACR界面右上角的"存储图像"按钮，在打开的"存储选项"界面中，设定照片存储的位置并调整照片尺寸。这里勾选"调整大小以适合"这个复选项，然后在后面的列表中选择"长边"，将长边设定为4500像素，短边就会自动由系统根据原照片的比例进行限定。然后单击"存储"按钮，将照片保存就可以了。

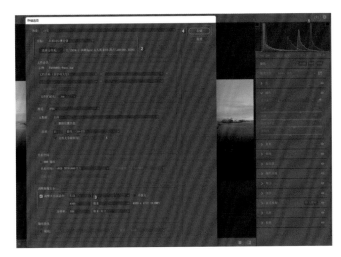

无人机拍摄的一般广角全景和180° 全景效果照片，都可以采用上述方式进行合成，操作方式完全是相同的。所以对于一般的广角全景效果，我们就不再单独介绍了。

15.2　手动制作360° 小星球特效

下面我们讲解在后期软件中手动制作360° 小星球效果的技巧。

360° 小星球的制作要分成两个步骤：第一步，在Photoshop中合成生成全景图；第二步，通过特效将全景图制作成360° 小星球效果。

不同于一般的全景和180°全景，使用无人机拍摄的素材进行360°的全景合成，会有个明显的问题，即，可能会有部分素材无法完成有效的合成，最终导致合成的360°小星球效果不够理想。所以，我们不建议在Photoshop中对360°全景素材进行合成。

如下图所示的拍摄360°小星球效果所得到的素材图片，可以看到有25个RAW格式文件。之后经过合成，得到了360°小星球效果，可以看到整体效果还是比较理想的。

15.2.1 手动合成360°小星球容易出现的问题

正式制作360°小星球效果之前，我们先来看一下手动合成素材的问题。将拍摄的素材文件拖入Photoshop，会自动在ACR中打开，再在ACR中进行全景合成。可以看到在"全景合并预览"界面右侧上方，系统提示25张图像中有一张无法合并，并且合并生成的是一般的全景图，无法直接得到小星球效果。由此我们知道借助于常规的后期软件是很难实现360°小星球效果的，所以这里我们只讲解借助于系统合成的全景图生成360°小星球特效的技巧。我们单击"取消"按钮，取消ACR的全景合成。

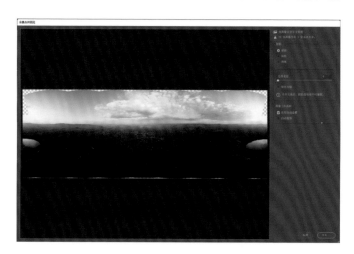

15.2.2　直接合成360°小星球画面

在Photoshop中打开无人机的App自动合成的全景图。下面准备对这个全景图进行特效制作，得到360°小星球效果。

打开"图像"菜单，选择"图像大小"命令。

在打开的"图像大小"对话框中，我们可以看到当前照片的宽度和高度是被锁定的。点掉中间的限制长宽比的这个链接，之后修改照片的长度或宽度，将两者设定为相同的值。这里我们将宽度改为了与高度相同的值，那么此时照片会变为正方形，然后单击"确定"按钮。

此时我们可以在Photoshop中看见正方形的照片，然后单击打开"图像"菜单，选择"图像旋转"，选择"垂直翻转画布"命令，这样可以将方形照片进行上下翻转。

然后单击"滤镜"菜单，选择"扭曲"，选择"极坐标"命令。

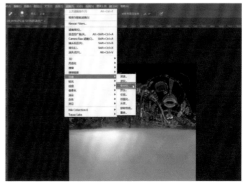

在打开的"极坐标"对话框中，查看并确保选中的是"平面坐标到极坐标"，然后单击"确定"按钮，此时可以发现我们已经生成了小星球的效果。与无人机App自动合成的360°小星球效果不同，Photoshop合成的360°小星球画面四周出现了一些由内向外地扩散的线条，显得不够真实和自然。

 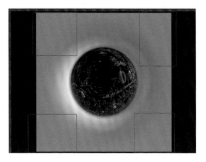

15.2.3 消除360°小星球照片四周的瑕疵

我们接下来将要做的主要是消除这些扩散线，并对画面整体的影调和色彩进行调整。按键盘上的Ctrl+J组合键，复制一个图层，单击打开"滤镜"菜单，选择"模糊"，选择"径向模糊"，打开"径向模糊"对话框，在其中选择"模糊方法"为"旋转"，然后提高模糊的数量值，也就是调高模糊幅度，单击"确定"按钮，完成旋转模糊。

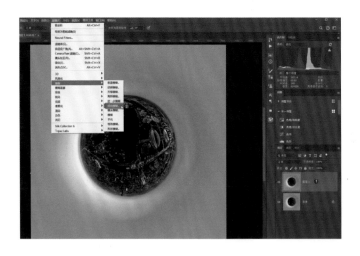 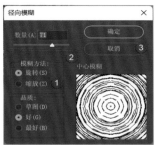

经过这种模糊处理，我们会发现四个角上的扩散线消失了，但是整个画面也变得模糊。因此我们按住键盘上的Alt键，单击"图层蒙版"按钮，为上方的这个模糊图层创建一个黑蒙版，将上方的这个模糊图层隐藏起来。在工具栏中选择"画笔工具"，将前景色设为白色，将画笔设定为柔性边缘，将不"透明度"和"流量"提到最高，然后调整画笔直径的大小，在照片当中擦拭。主要是在四个角上擦拭，以还原出四个角处的模糊效果。这样，我们就通过蒙版的变化，显示出了四个角处的模糊效

果，使上方图层的模糊效果与
下方图层清晰的区域进行了结
合，从而得到了整体比较理想
的效果。

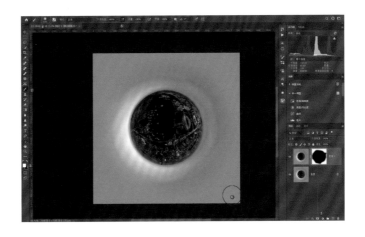

　　右键单击某个图层的空白处，在弹出的菜单中选择"拼合图像"，将图层拼合起来。

　　之后，为合成之后的效果载入Camera Raw滤镜，在Camera Raw滤镜中进行简单的调整。

　　最后，我们对比合成之后的原图以及效果图，可以看到调整之后的效果明显更理想。最后再将照
片保存就可以了。

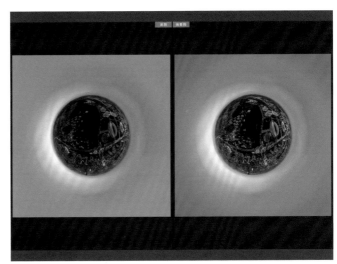

15.3 HDR合成，呈现更丰富的层次细节

　　下面我们讲解如何对航拍的照片进行HDR合成。逆光拍摄风光照片时，画面的反差往往会比较
大，太阳周边的高光区域与地面的背光区域形成强烈的明暗反差。无论专业相机，还是我们使用的无
人机，很难在一张照片中同时呈现出高光和暗部的所有细节，这时就需要通过包围曝光的方式拍摄，

然后进行HDR合成，从而得到高光与暗部细节都非常丰富的画面效果。

　　实际操作当中，器材分别以标准曝光、低曝光和高曝光拍摄三张、或是更多张照片，然后在软件中进行合成。合成时，取标准曝光照片的一般亮度区域，取高曝光照片的暗部区域，取低曝光照片的亮部区域，这样就可以在一张照片中呈现出各个区域明暗都比较合理的效果，得到更丰富的层次。

　　下图所示为三张包围曝光的照片以及最终的合成效果。可以看到最终合成的照片中，高光与暗部的层次都非常丰富的，并且细节也比较完整。

素材图1

素材图2

素材图3

效果图

　　下面来看具体的HDR合成过程。

15.3.1　HDR合成的设定

　　首先，将包围曝光的三张素材拖入Photoshop，载入ACR，然后在左侧的胶片窗格中单击鼠标右键，在弹出的菜单中选择"全选"，全选所有素材。

　　单击鼠标右键，在弹出的菜单中选择"合并到HDR"。

进入"HDR 合并预览"界面。此时我们就得到了一个高光与暗部细节都非常丰富的画面。

这里要注意，在右侧的"参数"面板当中，大部分情况下均建议勾选"对齐图像"与"应用自动设置"这两个复选项，因为对于无人机航拍来说，三张素材之间可能会存在一些轻微的错位，所以勾选"对齐图像"相关选项会让三张素材对得更齐。并且这种对齐针对的是固定景物，像地面的行人、车辆等运动中的对象是不进行对齐的，比较智能。"应用自动设置"则是让画面自动对合成之后的影调进行优化，便于我们看到合成之后比较理想的效果。

"消除重影"这个参数主要用于消除不同素材之间元素的移动所带来的重影问题，一旦开启了这个功能，那么行驶中的车辆、被风吹动的树枝等都会由系统自动优化，而不会出现重影模糊的问题。设定好参数之后，单击"合并"按钮。

这样会弹出"合并结果"对话框，直接单击"保存"按钮就可以了。

15.3.2 对HDR合成的效果进行全方位后期处理

这是我们会得到一个合成之后的RAW格式文件。对于合成之后的效果，我们切换到"亮"面板，即便软件已经进行过自动优化，我们依然再次对整体的参数进行微调，继续优化画面的效果。这些微调主要涉及降低高光和提亮阴影。

观察画面可以看到画面左右两侧的建筑出现了一些透视变形。切换到"几何"面板，在其中选择"竖向校正"。但发现校正后的效果仍然不够理想，左侧和右侧的建筑，仍然是倾斜的。

因此，我们选择"手动校正"这个选项，然后在画面左右两侧分别建立两条参考线。建立参考线时要注意，一定要沿着场景中应该是竖直的两个线条来建立，这样软件才能对画面的透视变形进行非常准确地校正。可以看到，经过校正，画面的竖直方向就非常规整了。

单击右侧的"裁剪"图标，进入"裁剪"界面，解除锁定纵横比锁定，裁掉近处的发灰的铺装路面。

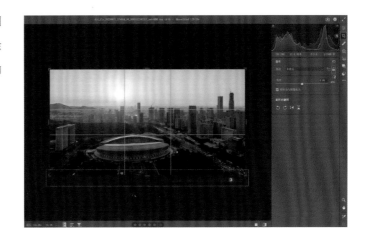

接下来，再次对整体的影调参数进行微调。主要是我们之前曾经讲过的，要提亮黑色的值，让暗部显得更干净。

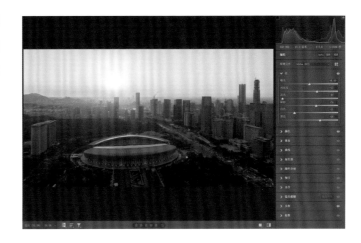

此时画面通透度有所下降，切换到"效果"面板，在其中提高"去除薄雾"的值，让画面变通透一些，稍稍提高"清晰度"的值，让画面整体轮廓更清晰，降低"晕影"的值，压暗照片四周，因为这张照片的重点景物还是位于画面偏中间位置的。

切换到"颜色"面板，提高"色调"的值，解决照片偏黄绿色的问题，这样我们就确定了画面的主色调。

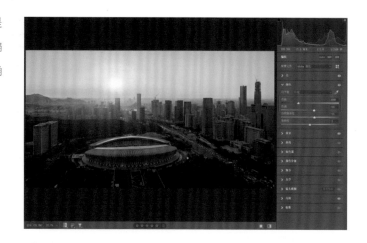

此时，可以切换到"校准"面板，向左拖动"蓝原色"滑块，提高蓝原色的饱和度；向右拖动"绿原色"滑块，让暖色调和冷色调部分更统一。

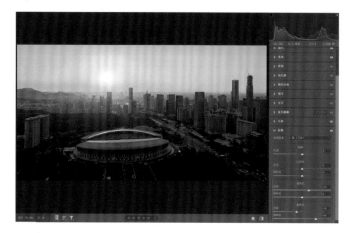

当前画面色彩仍然是有一些杂的，特别是天空部分包括明亮的黄色、橙色，淡淡的偏青色等。切换到"混色器"面板，打开"色相"子面板，在其中将"红色"滑块向橙色方向拖动，"橙色"滑块稍稍向黄色方向拖动，"黄色"滑块向橙色方向拖动，并将"绿色"滑块向黄色方向拖动，从而让画

面暖色调部分趋于统一，变得干净。再将"浅绿色"滑块向蓝色方向拖动，"紫色"滑块向蓝色方向拖动，让冷色调部分也变得更干净和统一。

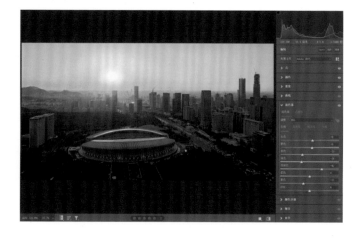

切换到"饱和度"子面板，大幅度降低红色，使得建筑物上红色广告牌过于浓郁的色彩减弱，然后降低其他明显饱和度比较高的颜色的饱和度。要注意的是，降低不同颜色的饱和度，会得到差别明显的效果，要根据实际情况来进行调整。本案例我们最终的目标是让暖色调和冷色调部分都变得更干净。

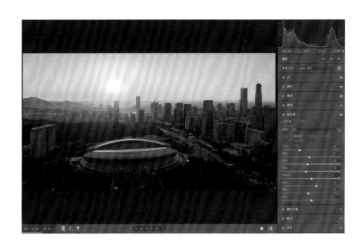

之后我们切换到"明亮度"子面板，降低红色的"明亮度"，从而对近景处两条红色道路部分进行压暗，使得其亮度降低，不再干扰视线。降低蓝色的"明亮度"，让暗部的色调更沉稳。这样，我们基本上就完成了画面的影调调整，解决了色调统一的问题。

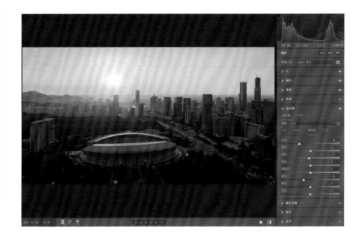

此时切换到"曲线"面板，按照之前我们所讲的原理创建暗部调整的曲线进行曲线调整，调整后的画面更显通透。

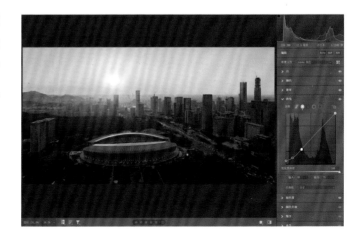

当前，太阳上方整体亮度还是有些高，因此选择"蒙版"，进入"蒙版"界面，选择"线性渐变"，按住鼠标左键由天空上方向下拖动创建渐变区域，降低"曝光"值，稍稍降低"色温"值，压暗天空上方区域。

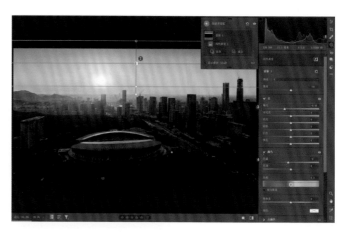

单击"创建新蒙版"，选择"径向渐变"。

在近景处的主体建筑物上拖动鼠标创建一个渐变区域，稍稍提高"曝光"值以提亮建筑。提亮建筑物之后，建筑物整体会发灰，因此我们还要稍稍降低"黑色"，保持建筑物部分应有的明暗通透度。这样我们就完成了照片的局部调整。

切换到"亮"面板，对画面的影调层次整体进行调整，让画面整体效果更理想。

此时，如果有需要，我们可以单击"打开"按钮，将照片载入Photoshop再进行进一步精修。如感觉效果已经足够好，则可以直接保存。

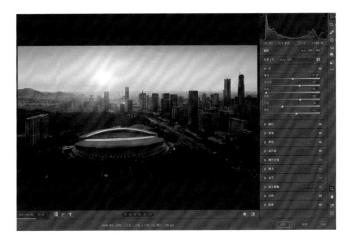

对于这张照片来说，效果已经比较理想。现在，进入"裁剪"界面，裁掉右侧不是特别协调的两栋高楼的部分，让太阳以及前景的建筑物更居中一些，画面会更协调。

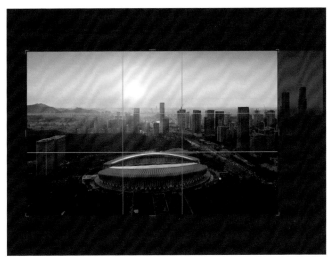

最后，切换到"细节"面板，提高"锐化"值，让画面画质更锐利，并提高"蒙版"的值，以限定锐化的区域。稍稍提"高明亮"度的值，对画面整体进行降噪处理。

这样我们就完成了这张照片所有的后期处理过程。

第16章

航拍视频剪辑
与调色：剪映

本章我们介绍如何借助剪映专业版（也就是电脑版），对航拍视频进行
剪辑与调色。

16.1　视频素材的导入与筛选

　　打开剪映软件，在初始界面中单击"开始创作"按钮，这样可以启动剪映电脑版的主界面。

　　在主界面左上方的媒体区，单击"导入"按钮可以打开"请选择媒体资源"对话框，在其中全选我们要进行剪辑与调色的系列视频，然后单击"打开"按钮，就可以将这些视频载入到剪映的媒体区。

　　这里我们要注意，本次我们要剪辑的是2024年1月12日在挪威拍摄的一组短视频素材。我们想将这组素材通过剪辑和调色，输出为一段令人赏心悦目的短视频作品。

　　全选素材并载入媒体区后，所有的视频素材同时处于被选中状态，此时鼠标单击媒体区的任意空白处，取消全选状态。

在媒体区不同的视频素材上移动鼠标，会发现预览区域没有变化。

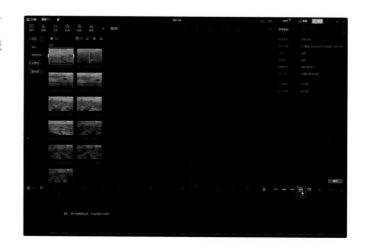

单击剪映界面右下角的激活"预览轴"的按钮，使其呈青色，表示该功能已经被开启。开启该功能有个好处，鼠标再次移动到媒体区的视频缩略图上时，左右滑动鼠标就可以预览视频内容，可以方便我们筛选素材。

我们想要的效果是，开始以推镜头的方式由远及近，逐渐展示场景的一些局部，最后是一个拉镜头，景物由近及远淡出后结束。

经过筛选，我们选择了右图中所标注的素材。1号为开始的镜头，6号为结束的镜头，2-5号呈现的是这个场景局部的画面。

选择好我们想要的素材之后，按住键盘的Ctrl键，分别单击我们不需要的素材，将其全选，然后在任意选中的素材上单击鼠标右键，在弹出的菜单中选择"删除"，将这些素材删除。

16.2　视频剪辑思路与实战

按住鼠标左键拖动全选媒体区保留下来的素材，将这些素材拖入视频轨道。可以看到，这些视频被很自然地连接在了一起。

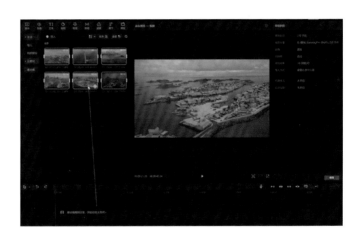

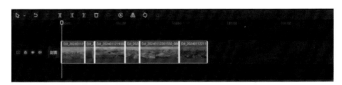

视频轨道上的视图比较短，我们可以按住键盘的Alt键然后转动鼠标滚轮，放大视图，便于我们观察和调整。

在时间线上方的工具栏左侧单击选择"选择"工具，然后点住某个视频片段左右拖动，可调整视频的顺序。根据我们之前的计划，即，开始是一段推镜头的素材，之后呈现局部，最后以拉镜头结束，我们将视频轨道中的第4段视频调整到开始的位置，这样视频顺序大致就有了。

接下来我们对视频进行剪辑。

一般来说，镜头的持续时间可以大致依照他们的景别大小来进行设置。开始是远景的推镜头，那么这段视频的时间可以稍微长一些；后续局部视角的镜头，可以将时间保留得短一些；最后的拉镜头同样是远景，时间可以稍微长一些。

分割视频时，我们可以使用上方工具栏中的"分割"按钮。具体操作时，将时间指针调整到要分割的位置，然后单击"分割"按钮就可以将视频切开，然后鼠标左键单击点住要删除的素材，按键盘上的Delete键就可以删除了，这是比较传统的方法。

还有一种更高效的方法，我们可以将时间指针移动到要裁切的位置，然后按键盘上的"向左裁剪"或"向右裁剪"按钮，快捷键是分别是Q和W，即，按Q键可以裁掉时间指针向左的区域，按W键可以裁掉时间指针向右的区域，这样操作更高效。

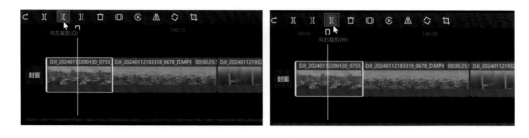

接下来我们分别对第1~6段视频进行剪辑，调整这些视频素材的时长，并保留下各段素材中精彩的部分。

当前，倒数第二段素材持续的时间还是有些长，因此我们可以在时间轨道上单击选中这一段素材，然后在软件界面右上角单击"变速"，进入"变速"界面，选择"常规变速"，以提高这段素材的播放速度，这段素材的播放时间就会被缩短。

放大视频轨道的预览图，经过仔细查看和分析，我们发现还可以对中间视频素材的前后顺序进行调整。

16.3 用剪映对视频进行专业级调色

当前我们已经完成了视频的剪辑处理部分，接下来我们准备对视频进行调色处理。

对于这组素材，除根据景别变化的剪辑界路之外，还有一个思路：在推镜头前进时，地面的灯光还没有完全亮起；在结束时，逐渐过渡到了傍晚，地面亮起了很多灯光。现在看起来，前面的素材与最后一段素材，影调和色彩反差都比较大，现在要进行调整，让前后的时间顺序也有较好的过渡。

我们可以先对前面的第1-5段素材进行调色。鼠标单击点住全选第1-5段素材，切换到"调节"面板，打开"基础"子面板，稍稍提高视频素材的饱和度，提高对比度，压暗阴影，增强画面的反差，让视频更通透。

初步确定影调之后，切换到"色轮"子面板。单击色轮下方的下拉列表，可以看到"一级色轮"和"Log色轮"两个选项。一级色轮定义的亮部、暗部和中间调范围都是比较大的；Log色轮定义的高光、阴影和中间调的范围非常小，调整得更精细。所以说一级色轮倾向于对全画面进行调整，属于一级调色；而Log色轮侧重于对视频画面的局部进行修饰，属于二级调色；这是两者的差别。

首先我们选择"一级色轮"，在其中可以看到有暗部、中灰、亮部和偏移这样几个色轮。中灰对应的是正常的亮度区域；暗部和亮部分别对应着比较暗的区域和比较亮的区域；偏移针对的是画面整体的明暗调整，类似于照片调整中的曝光值调整。

在每个色轮上，除可拖动中间的白色圆点分别为所对应的区域渲染特定色彩之外，还可以在下方的参数文本框中输入特定的参数来进行调整，还可以将鼠标移动到色轮左右两侧，点住三角标上下拖动来调整对应区域的明暗和饱和度。

对于当前的画面，我们可以在暗部色轮右侧单击点住三角标向下拖动，继续压暗暗部；而对于亮部，则可以点住右侧的三角标向上拖动进行提亮，进一步增强画面的反差，从而让画面更通透更干净。

整体调整之后，我们会发现有一些较小区域的影调不是太理想。我们可以切换到Log轮，并在阴影色轮右侧点住三角标向上拖动，以避免视频画面最黑的部分变为死黑，从而可以让视频的整个暗部更柔和。对于高光区域，同样点住三角标向下拖动，把最亮的部分稍稍压暗一些，让它与正常的亮部区域影调过渡更柔和一些。

经过简单的一级色轮和Log色轮调整，视频整体效果就非常好了。

单击不同的视频片段进行检查，会发现第三段视频素材的水面有一些杂色，比如偏绿的颜色、偏青的颜色，以及偏紫的颜色。

这时我们可以单击选中这一段素材并选择"一级色轮"。

点住中灰色轮中间的白色圆点向右下方拖动，削弱掉水面中的暖色调，并降低中灰的亮度，让画面中灰调区域显得更通透，与其他视频素材的风格更相近。

调整之后，中灰调区域的饱和度稍稍有些高，因此我们在中灰色轮左侧点住饱和度滑块向下拖动，以降低中灰色调的饱和度。这样，这段素材与其他素材的明暗及色彩就会更统一。

针对第4段素材，我们切换到"Log色轮"，在其中压暗阴影部分，并稍稍降低高光部分，这样做的目的也是让这段素材与其他素材更相近，避免素材之间出现影调与色彩的跳跃性变化，导致整体给人的观感不够理想。

接下来我们单击选中最后一段素材，在"基础"子面板中稍稍提高"饱和度"的值，提高"对比度"的值，提高"亮度"值，让这段视频素材更通透。

之后我们选择"一级色轮"，降低暗部的亮度，提高亮部的亮度，这样可增强反差，让最后一段视频更通透。

选择"Log色轮"，在其中单击点住高光区域中间的小圆点向左上方、也就是暖色调的方向拖动，为画面中最亮的部分渲染暖色调。为什么这样操作呢？因为我们发现地面的灯光部分不是那么明显，而高光对应的就是灯光部分，所以我们可以为灯光区域渲染这种暖色调。之后在左侧点住饱和度三角标向上拖动，增加这部分的饱和度，这样可以让地面的这些灯光变得色彩更暖。

这样，最后一段视频我们也基本调整完毕。

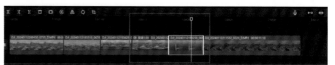

此时我们再次回看所有的视频素材，发现如果改为将全是水面的局部素材与最后一段素材相接的话，整体的过渡会更柔和一些。所以我们点住该水面的素材，将其调整到倒数第二段的位置。

现在感觉所有视频素材都有一些偏冷，并且暖色调有些不统一。

全选所有视频素材，切换到"HSL"子面板，对各色彩分别进行色相、饱和度和亮度的调整，这相当于摄影后期处理中的统一色调。

首先我们选择"黄色"，让"色相"滑块向橙色方向偏移，提高"饱和度"的值，提高"明亮度"的值，让地面的灯光变得色彩更暖、更浓郁、更亮。切换到"橙色"，将"色相"滑块向更暖的橙色方向拖动，同样提高"饱和度"的值和"亮度值"。可以看到，调整后地面灯光更加醒目和明显。

之后，分别查看单独的视频素材，查找其中的问题。比如说，第二段中景的素材左侧地面有一些偏绿，我们可以再次微调橙色的参数，让左下角的色彩与整个系列视频素材的色调统一起来。

对于我们之前进行过调色的这段视频，同样选择"橙色"进行微调；接下来选择"青色"，降低青色的"饱和度"。

最后我们全选所有素材，切换到"曲线"子面板，在其中创建一条轻微的S形曲线，让视频变得更通透度一些。至此，视频调色完毕。

16.4 添加背景音乐

接下来我们为视频添加一段音频。在媒体区右侧单击"音频"，进入音频设定界面。借助于剪映比较强大的内置网络素材库，我们可以添加各种不同的音频素材。

在搜索框中搜索北欧，选择北欧风格音乐，找到一段比较适合的北欧风格的音乐。

鼠标单击可以预览这段音乐。如果确定选择这段音乐，可以单击右下角的"+"（添加）按钮，将这段音频添加到下方的音频轨道。

鼠标单击点住这段音频向左拖动，与视频轨道起始位置对齐。

之后，将时间指针移动到视频轨道末端位置，然后单击选中音频轨道，按键盘上的W键向右裁切，将右侧多余的部分完全裁掉。

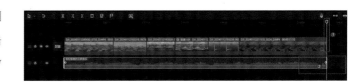

之后我们在右侧的"基础"面板中设定音频素材的"淡入淡出"效果。这样，视频开始时，音频是由无到有渐入的；视频结束时，音频会逐渐减小直至消失。这样做的好处是可以让整个视频的音乐显得更自然，给人更舒服的感觉。

剪辑调色与添加音频完成之后，这段视频的剪辑就完成了。至于字幕等的添加，我们就不做过多讲解了。

接下来单击"导出"按钮，在弹出的"导出"对话框中，为当前剪好的这段视频进行命名，"视频导出"设定为分辨率为1080P，码率等其他选项按默认设置保存即可。

最后单击"导出"按钮，就可以快速地导出这段处理好的视频。

第17章

视频剪辑与调
色：Premiere

本章我们讲解借助Premiere对航拍视频进行剪辑与调色的技巧。

17.1 在Premiere中加载视频素材

　　首先在电脑中打开Premiere软件，进入Premiere的初始界面，单击界面左上角的"新建项目"。

　　进入"导入"界面，在界面中间我们可以拖动放大滑块，放大下方可供我们练习的一些视频素材，便于观察。如果之前我们使用过Premiere软件，那么会载入上一次剪辑过的视频素材文件夹，可以看到我们之前剪辑过的视频。如果要继续剪辑之前的视频的话，直接在下方单击对应的视频素材，就可以将这段素材再次载入。本章我们将要剪辑的是两段新的素材，所以直接单击右下角的"创建"按钮。

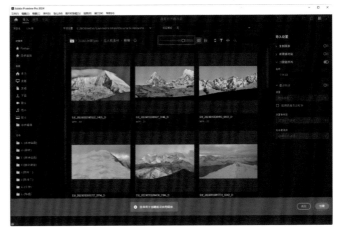

　　此时会进入Premiere主界面，在主界面左下角双击"导入媒体"，打开"导入"对话框，在其中鼠标点住并拖动，选择要剪辑的视频，然后单击"打开"按钮，这样可以将视频素材载入到项目区。

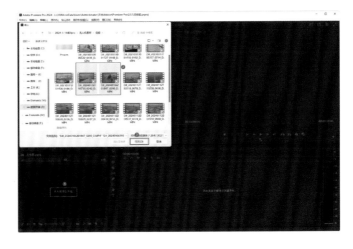

鼠标放在载入的视频素材上左右滑动，可以查看每一段视频素材的内容。

17.2 修改视频播放速度

鼠标左键单击点住第一
段素材并拖动，将其拖入时
间线。

此时时间线中已呈现我们
加载的视频，视频所在的轨道
为视频轨道。右上方的节目区
展示了视频画面的放大效果。

当前视频素材的总时长为50多秒，我们希望剪辑一段更短的视频，因此在时间线中右键点击视频进度条，在弹出的菜单中选择"速度/持续时间"。

打开"剪辑速度/持续时间"对话框，将速度提高到200%，则播放速度加倍，持续时间减半。单击"确定"按钮后，实现缩短视频持续时间。

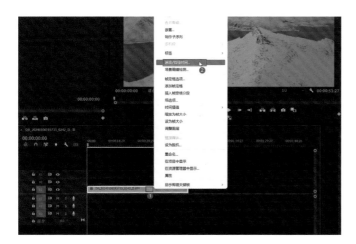

17.3　创建并使用代理剪辑，提高效率

17.3.1　为何要创建代理剪辑

视频素材在播放时发现视频出现卡顿、界面停滞的问题。这是因为该视频为4K高清视频，占用空间较大，并且还进行了变速处理，因而导致卡顿。

为解决视频剪辑中遇到的卡顿问题，可以创建代理。

创建代理意味着预先对视频进行解码和压缩，使其尺寸较小便于剪辑。剪辑完成后，可按照原视频素材的分辨率进行导出。

首先在时间线中右键点击视频轨道，在弹出的菜单中选择"清除"以删除这段视频。同时在项目区删除这段素材生成的项目文件。

17.3.2 用Media Encoder解码并创建代理剪辑

右键点击项目区中的原始素材，在弹出的菜单中选择"代理""创建代理"，此时会弹出警示对话框，表示要创建代理，需要安装Media Encoder软件进行解码。

点击"确定"后，安装Media Encoder软件，并再次创建代理。

17.3.3　代理剪辑设定技巧

操作完成后，打开"创建代理"对话框。在对话框中，注意以下几个选项：选择H.264格式以便于处理和输出MP4格式的视频；在"预设"中选择创建低分辨率代理；在"目标"参数中选择在原始媒体旁边创建代理文件夹。

点击"确定"按钮。

电脑将自动启动Media Encoder软件，我们无需进行任何操作。软件将自动进行解码和压缩，创建代理。

在界面右上角输出文件的目录右侧，出现了"完成"标记，表示代理创建完成。关闭Media Encoder软件。

回到原始素材文件夹，查看原始素材和创建的Proxies代理文件夹。原始素材时长为51s，大小为635MB；而代理文件时长相同，仅为39.8MB。

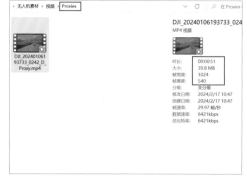

17.3.4 代理剪辑视频

此时我们回到Premiere软件。在左侧的项目区中点住要剪辑的素材拖入时间线，此时在项目区的缩略图区域以及视频轨道上都可以看到一个灰色的图标，这表示我们已经创建了代理，但是代理还没有被激活。

在视频播放区右下角单击"按钮编辑"这个按钮，展开"按钮编辑器"面板，在其中点住"代理剪辑"按钮，将其拖入展开的按钮下方，然后单击"确定"按钮。

　　单击激活"代理剪辑"这个按钮，此时从项目区视频的缩略图区域及视频轨道上可看到代理剪辑的标记已被激活，呈现蓝色状态，那么后续我们的剪辑就会以代理剪辑的方式进行。

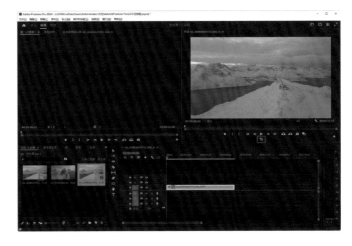

　　此时我们再次对视频进行加速，然后播放，非常流畅不再卡顿。

17.3.5　Premiere剪辑工具的使用技巧

　　在Premiere中剪辑视频时，最直接的工具是时间线左侧的剃刀工具。单击选择该工具，然后移动鼠标到视频轨道上，在任意位置单击，都可以切割视频，然后再单击选中不想要的、剪辑下来的片段，按Delete键删除就可以了。

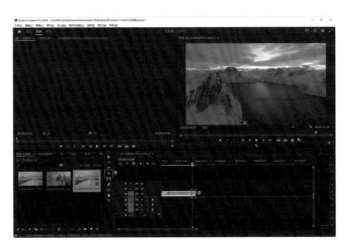

当然，我们也使用其他的方法进行快捷操作。比如说我们可以在工具条上方选择"选择"工具，然后鼠标移动到视频素材左右两端，点住向内收缩，同样也可以对视频进行剪辑。

本例中，我们可以通过后面介绍的这种方式裁掉视频最后的几秒钟。这几秒要裁掉是因为视频最后出现了卡顿，这是拍摄时数据传输出现问题所致的，应将其删掉。

右图中显示了Premiere操作的快捷键列表，我们可以根据列表提示来选择特定的快捷键，进行有针对性的操作。

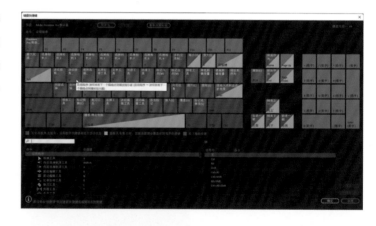

我们剪掉了第一段素材最后的几秒钟，可以看到当前的视频时长为23s。

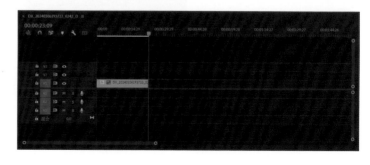

17.3.6　对其他素材使用代理剪辑

接下来我们再为第二段视频素材创建代理。

代理创建完成之后，点住第二段素材将其拖入时间线，放在第一段视频右侧。

之后右键单击第二段素材，在弹出的菜单中选择"速度/持续时间"选项。

在打开的"剪辑速度/持续时间"对话框中，同样将它的速度提高到200%，然后单击"确定"按钮。

这样，我们就完成了这两段视频素材的剪辑，以及初步的拼接。

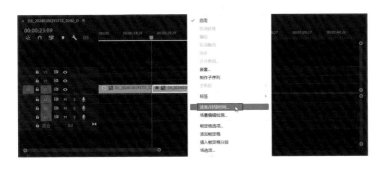

17.4 使用Premiere对视频进行调色

17.4.1 要在"调整图层"上调色

当前的两段视频均为Log格式，所以整体是灰蒙蒙的，要进行调色。

调色时，我们可以直接选中视频轨道对视频进行调色，但这种调色会直接改变原始视频素材，后续如果修改就会比较麻烦。因此，我们可以使用调整图层的方式进行调色，与Photoshop中创建调整图层的原理类似，在我们的视频素材上方创建一个调整图层，所有的调色都是在调整图层上进行，后续若需要修改可以直接在调整图层中进行，而不会影响到原始素材。如果我们删掉调整图层，那么保留下来的依然是原始素材，这是一种非常好的视频调色习惯。

在项目区右下角单击"新建"按钮，在展开的菜单中选择"调整图层"。

此时会打开"调整图层"对话框，直接单击"确定"按钮。

此时在项目区中可以看到创建的一个缩略图呈黑色的调整图层，点住它并拖动到视频轨道的上方。

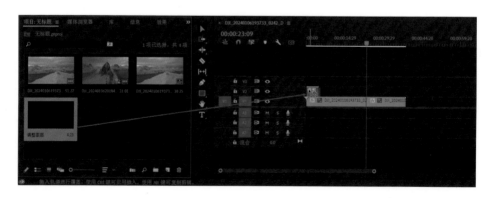

鼠标移动到调整图层右侧点住并向右拖动，让调整图层的持续时间与两段视频素材对齐。

17.4.2 进入专用界面"Lumetri颜色"进行调色

之后，单击Premiere界面左上角的"窗口"菜单，选择"工作区"，选择"颜色"，这样可以进入单独的调色界面进行调色。

在软件右侧可以看到"Lumetri 颜色"这个选项，单击展开，在下方可以看到有"基本""校正""创意""曲线""色轮和匹配""HSL辅助"和"晕影"等不同的调色功能。

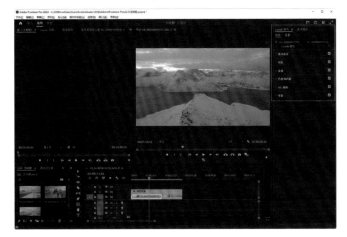

17.4.3 一级调色

首先我们单击选中上方的调整图层，拖动时间指针到高光、暗部等都比较明显的一个位置，准备以当前位置画面为参考进行调色。

展开"基本"面板，在其中提高"对比度"的值，降低"阴影"值，稍稍提高"曝光"值。

经过初步调整，可以让视频素材整体上更通透，更清晰一些。并且通过降低高光值，让画面左上角高光位置的亮度降下来，而不会出现大片的死白。

我们拖动时间指针到高光比较多的区域进行查看，如果发现依然有高光过曝的问题，再次降低高光值。

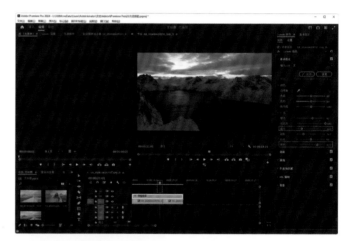

当前画面的暗部比较黑，我们可以稍稍提高"黑色"的值，让暗部呈现出更多的层次和细节。

继续拖动时间指针到第二段素材，我们发现这段素材色彩比较平淡。

此时可以通过降低色温值来为画面渲染一些冷色调。切换到"颜色"面板，低"色温"值，为画面渲染一些偏冷的"色调"，画面色彩会更协调一些。

展开"调整"子面板，在阴影色彩这个色轮中点住中间的标记向右下方拖动，为这两段视频暗部添加一定的冷色调，然后稍稍提高"饱和度"的值，让画面暗部的冷色调更明显一些。

至此，整体的影调和色彩调整完毕。

17.4.4　二级调色

如果我们仔细观察，会发现视频画面中间出现大片天空的高光区域亮度比较高，显得比较刺眼。这时我们可以使用"HSL辅助"这个功能，只对高光区域进行明暗和色彩的调整。

展开"HSL辅助"面板，展开"键"子面板，在设置颜色后选择左侧第一个吸管，这个吸管用于在视频画面中单击取样，吸管取样后，与我们所取样位置明暗及色彩相近的区域，都会被选择出来。右侧两个吸管分别用于扩展和缩减我们所选择的区域。

选择左侧的吸管，在天空的高光位置单击，画面没有变化。

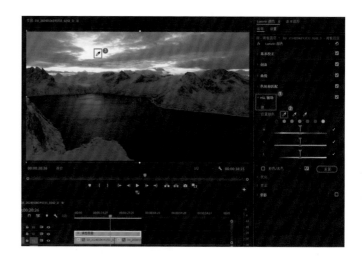

为了便于观察，我们在参数下方勾选"彩色/灰色"复选项，让视频画面以灰色的方式显示，而白色区域则表示我们选择的区域。

如果选择的区域不够准确，我们还可以通过调整H，也就是色相滑块来调整所选择区域的准确度。

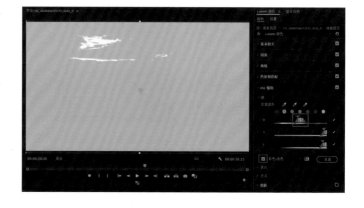

色相条上左右两侧呈倾斜角度的区域表示所选区域与未选区域的过渡部分。通过调整，可以让所择与未选区域的过渡变得柔和，而不会显得特别生硬。

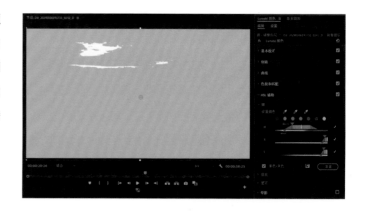

之后我们选择第二个（也就是添加选区）吸管，在天空高光位置左侧单击，这样可以将漏掉的高光区域添加进来。

之后我们通过调整S（饱和度）以及L（明亮度）滑块，让所选区域的色调更准确一些，并且让所选与未选区域的过渡更柔和。

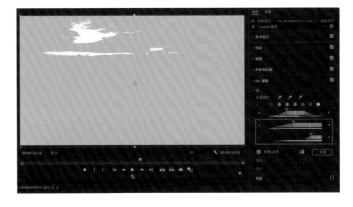

为了确保所选区域边缘更柔和、自然，我们还可以展开下方的"优化"子面板，稍稍提高"模糊"的值，这样可以让所选区域边缘更柔和。

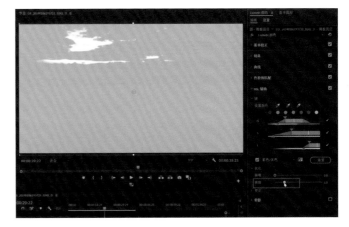

经过以上操作，视频中大部分的高光区域都被选择了出来。

之后我们取消勾选"彩色/灰色"复选项，让视频以正常色彩显示，然后展开下方的"更正"子面板，在其中提高"色温"值，为高光渲染一定的暖色调，让高光不再特别白、特别刺眼。

这样，我们就完成了局部调色。

17.5 锐化视频，提升画面质感

对于当前的视频，我们还可以展开"创意"面板，展开"调整"子面板，提高"锐化"的值，让整个视频更清晰、更有质感。

17.6 添加转场特效

由于第一段视频和第二段视频中间没有转场，是直接的跳切，因此我们可以为两段视频创建一个转场。

在左下角的项目区单击展开折叠菜单，在其中选择"效果"。

选择"视频过渡"，选择"溶解"，单击点住"交叉溶解"这种转场效果并将其拖动到两段视频的结合位置。

此时再播放视频，会发现两段视频之间出现了交叉溶解的转场效果，过渡就比较自然了。

添加转场之后，再次展开折叠菜单，选择"项目"，回到项目缩略图显示界面。

17.7 添加并处理背景音乐

17.7.1 添加并调整背景音乐

准备一段音频素材，打开该音频素材所在的文件夹，点住选好的音频素材并将其拖入到项目区。

我们可以双击这段音频素材，收听这段音频素材的内容。我们还可以在上方的预览区通过标记入点和出点来选择我们想要的音频素材区间。

音频素材区间确定之后，在项目区点住这段音频素材并将其拖入时间线下方的音频轨道中。

点住右图所示的位置向下拖动可以更加方便我们观察波形，删掉音频轨道右侧大部分区域，让音频轨道与视频轨道完全对齐。

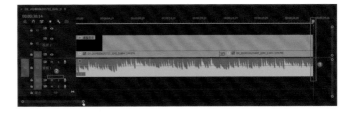

如果我们要调整音频的音量，可以将鼠标移动到音频轨道中间的横线上，点住向上或向下拖动，就可以改变音频音量的大小。

17.7.2 背景音乐的淡入与淡出效果

对于添加的音频，计划要制作淡入与淡出的效果，即视频开始时，声音由无到有渐入，直到正常的音量大小；结束时，声音由正常逐渐减小，最后完全消失。

具体操作时，按住键盘上的Ctrl键，此时鼠标光标右下角会出现"+"标记，单击鼠标左键，创建控制点。

分别在音频开始和结束的位置创建两个控制点。

将开始位置的控制点拖到音量最低的位置；将音频结束

位置的控制点向下拖动，同样将其音量降为最低。这样我们就制作好了音频的淡入与淡出效果。

最后我们可以播放视频，检查剪辑、调色，以及添加的音乐效果。

如果对整体效果已经比较满意，就可以考虑将视频导出了。

单击展开"文件"菜单，选择"导出"，选择"媒体"。

　　此时会进入"导出"界面，在界面右下角可以看到我们所处理的这段视频的信息。可以看到正是因为我们采用的是代理剪辑，因此在导出时，依然会按照原始素材的分辨率和帧频导出。

　　当然，我们也可以在界面左侧设置输出的分辨率和帧频等参数，即在界面左侧的保存位置下方展开"预设"列表，在其中，选择希望导出的视频分辨率、品质等。

　　这里我们设定的是高品质1080P HD这种分辨率。设定好之后，直接单击"导出"按钮，就可以将视频导出，最终完成剪辑、调色等整体的处理过程。

第18章
航点视频制作与
Log视频优化

本章我们主要讲解两个知识点，分别是如何对航点飞行拍摄的视频进行合成，以及如何设定拍摄10-bit D-Log 视频并最终套用LUT预设进行调色。

18.1 航点飞行视频的后期制作

航点飞行视频的概念及特点我们已经在前面的章节中进行过介绍，所以本节不再过多赘述，而是直接进入航点飞行视频的后期制作环节。

18.1.1 将两段视频载入时间线并对齐

首先，在剪映软件中载入拍摄的两段航点飞行视频，然后将两段视频载入视频轨道，并进行对齐。

打开剪映软件，点击"开始创作"

进入剪映工作界面，将两段航点飞行视频拖入媒体区

鼠标点住第一段视频的缩略图并向下拖动，将这段视频添加到下方的时间线上

将鼠标光标移到第二段视频，单击点住并拖动到时间线的上方轨道上，然后松开鼠标左键，将第二段视频添加到第一段视频上方的视频轨道上。并在时间线上用鼠标点住位于上方的第二段视频的末端并向左拖动，确保两段视频开始位置是对齐的

18.1.2 剪辑视频，保留精彩的部分

在时间线内，将时间指针定位在开始的位置后，发现视频开始的一段时间内画面下方和左侧都有一些不太理想的景物，如下方道路和右侧的信号塔等。

播放视频，到画面比较干净，构图比较协调的位置后暂停视频。

点住鼠标左键拖动框选两段视频，或是按住键盘上的Ctrl键后分别单击两段视频进行全选。

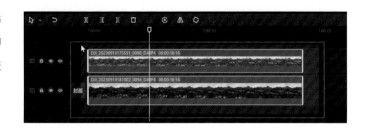

在时间线上方的工具栏中单击"分割"按钮，同时对两段视频进行分割，之后删掉两段视频的前半段。

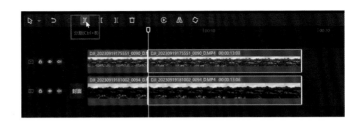

单击选中位于上方轨道的视频，点开"调节"，选择"HSL"，选择"橙色"，降低橙色的饱和度与明亮度，这样可以让天空部分的色彩感变弱。之所以这样处理，是为了让位于上方的这段（早些时候拍摄的）视频的画面与位于下方轨道（晚些时候拍摄的）视频的画面能有较大的反差和区别。

选择"基础"，稍稍提高位于上方轨道的视频的亮度，这同样是为了增强两段视频的反差。

接下来，隐藏位于上方轨道的视频，单击选中位于下方轨道的视频。提高该视频的色温与色调值，让这段视频更暖；之后提高该视频的对比度并降低高光值，优化其的画面效果。

在"HSL"中选择"橙色"，向左拖动"色相"滑块，让色彩更暖一些；提高饱和度让霞云更浓；降低色彩的亮度，让霞云色调显得更沉稳浓郁。

这样，两段视频的反差就会更大，后续展示的变化效果也会更明显。

18.1.3 对齐两段视频

对两段视频分别调色完成之后，下面有一个环节非常重要，即两段视频的对齐。

即使我们是使用无人机沿着相同的航线进行的飞行和拍摄，但由于无人机始终处于运动状态，所以两段素材可能还是会存在轻微的不对齐问题。这时我们可以将位于上方的视频的不透明度降低，便于我们观察两段视频错位的情况。然后将鼠标光标移动到位于上方的视频上，点住进行拖动，确保两段视频能更好地对齐。

这里需要注意的是，即使我们进行了拖动对齐，也无法确保两段视频自始至终都是完全对齐的。实际上，只要能确保我们想要呈现明暗和色彩变化的位置能够有很好的对齐效果就可以了。

对齐素材之后，我们发现视频左侧出现了一些空白区域，后续我们可以对其单独进行调整。

18.1.4 借助关键帧实现视频的过渡效果

接下来我们再拖动时间指针到视频中间偏右的位置（也就是经过对齐、并想要呈现变化效果的位置）。展开右侧界面的"基础"面板，在下方的"混合"这组参数中，将视频的"不透明度"设

为100%，然后单击界面右侧的
"创建关键帧"，在视频轨道
上创建一个关键帧。

接下来，向右拖动时间指
针，在界面右侧"参数"面板
中的不透明度右侧单击再次创
建一个关键帧，然后将该关键
帧的不透明度调整为0。也就
是说，在这两个关键帧之间，
不透明度由100%调变为了0。

两个关键帧创建之后，还
可以在视频轨道上单击点住所
创建的关键帧拖动来改变它们
的位置。

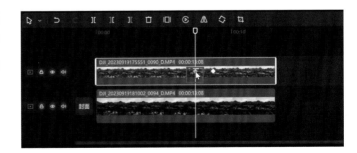

18.1.5　裁掉四周无法对齐的区域

经过以上步骤，我们已经制作好了航点视频的合成效果。

接下来解决两段视频左侧不对齐的问题。我们可以在下方的时间线中，点住鼠标拖动全选这两段
素材，然后在右侧"位置大小"面板中向右拖动"缩放"滑块，稍稍放大视频。通过这样的操作，可
以将画面左侧没有对齐的部分移出画面之外。

播放视频，可以看到视频开始时天色比较早，整体画面比较明亮，而播放到第一个关键帧时，画面仿佛在一瞬间由白天转为了傍晚。这种快速变化的效果是比较有意思的。

18.1.6 添加背景音乐

接下来我们为这段视频添加音频。单击界面左上角的"音频"，搜索与日落黄昏相关的纯音乐。这里，我们选择名为"日落黄昏"的一段吉他曲。预览收听确认没问题之后，单击这段吉他曲右下角的"+"号，也就是添加到音频轨道的按钮，将这段音频素材添加到音频轨道中。

使用与视频剪辑完全相同
的方法对这段音频进行剪辑，
确保这段音频左右两端与视频
轨道完全对齐。

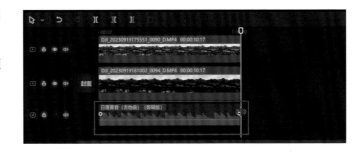

将鼠标光标移动到音频轨
道左右两侧的圆点上，单击点
住并分别向内收缩，这样可以
为音频轨道创建声音淡入与淡
出效果。

这样，我们就完成了整个
航点飞行视频的制作。

最后单击"导出"按钮，
在打开的"导出"对话框中，
为这段视频设定一个标题。之
后设定分辨率等其他参数，比
如这里我们将该视频设定为4K
分辨率。然后单击"导出"按
钮，这段视频就可以被导出
了。至此，我们就完成了这个
案例的所有后期操作。

18.2　D-Log M视频拍摄及调色

下面我们讲解D-Log M视频的拍摄方法及其快速调色技巧。

18.2.1 拍摄时要设定D-Log M色彩格式

D-Log M视频的拍摄非常简单。我们先切换到视频拍摄模式，然后进入"设置"界面，进入"拍摄"菜单，其中将"色彩"选项设定为"D-Log M"后就可以拍摄了。

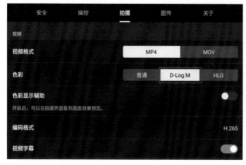

设定开启D-Log M拍摄功能

TIPS

以Mavic 3 Pro为例，设定24mm焦距拍摄视频时，可设定D-Log色彩模式拍摄视频；但如果使用中焦距拍摄视频，则对应的色彩模式就只能选择D-Log M。实际上D-Log与D-Log M两种色彩模式并没有本质差别，只是所针对的焦距不同。

18.2.2 下载D-Log M对应的LUT文件

要对D-Log M色彩模式的视频进行调色，除了直接使用剪映等软件之外，还有一种更简单的方法，借助以下文件进行调色。具体操作是先去大疆官网下载与D-Log M色彩模式对应的LUT文件，然后在软件中先套用LUT文件进行快速调色，再在LUT调色的基础上进行优化，从而得到更好的效果。

进入大疆官网，找到下载中心，找到Mavic 3系列机型，任选其一种即可

然后在界面底部找到如图所示的LUT文件（扩展名为.cube），然后根据自己计算机的操作系统选择下载（点击右下角的下载图标）。我们要记住所下载文件的保存位置

18.2.3 套用下载的LUT文件进行调色

将拍摄的D-Log M视频载入剪映软件，再将下载后的D-Log M调色LUT文件载入，并添加到轨道中，将LUT时长调整到与视频长度相同，就完成了初步调色。

将拍摄的D-Log M视频载入剪映软件，并拖动到视频轨道

在视频轨道中点击这段视频，在左上角的"功能"菜单中点击"调节"，然后在下方点击"导入"按钮

此时，会打开"请选择以下资源"窗口，在窗口中单击选择我们下载的LUT文件，然后单击"打开"按钮，这样就可以将LUT文件载入剪映

然后鼠标点击LUT文件右下角的添加到轨道的按钮，将其添加到轨道上

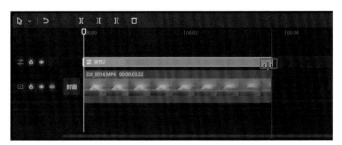

直接添加的LUT文件时长与我们的视频时长不同，所以点住LUT文件右侧结尾的竖线向右拖动，让LUT调色文件与视频长度相同，这样我们就完成了视频的LUT的调色

拖动播放指针到某个位置,可以看到
调色之后的画面效果好了很多。在剪
映软件界面右侧我们可以查看载入的
LUT文件名称

18.2.4 对LUT调色效果进行优化

由于感觉套用LUT后的调色效果有些过于艳丽,因此在LUT调色的基础上又进行了手动调色,
最终得到更好的画面效果。

至此,我们就完成了D-Log M视频的最终调色,最后将视频导出就可以了。

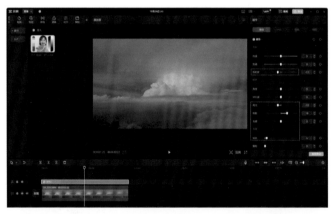

D-Log M视频经过LUT调色后,画
面的效果变好,但是画面饱和度有些
高,特别是蓝色的饱和度。因此我
们切换到"基础"面板(软件界面右
侧),在其中稍稍降低"饱和度"的
值;稍稍降低"高光"值,避免最亮
的部分高光溢出;稍稍提高"锐化"
的值;稍稍提高"阴影"值,避免暗
部过黑

切换到"HSL"面板,在其中选择
"蓝色",稍稍降低蓝色的饱和度,
降低蓝色的明亮度。这样,蓝色的饱
和度降下来了,画面整体的通透度也
比较理想